低碳经济系列丛书

低碳经济百问

王新民　　崔素萍　　严建华　　编著
薛国龙　　陆元明　　容构华

中国建筑工业出版社

图书在版编目（CIP）数据

低碳经济百问/王新民等编著. —北京：中国建筑工业
出版社，2010.7
（低碳经济系列丛书）
ISBN 978-7-112-12290-5

Ⅰ.①低… Ⅱ.①王… Ⅲ.①城市环境-环境保护-问
答 Ⅳ.①X21-44

中国版本图书馆 CIP 数据核字（2010）第 141027 号

低碳经济系列丛书

低碳经济百问

王新民　崔素萍　严建华
薛国龙　陆元明　容构华　编著

*

中国建筑工业出版社出版、发行（北京西郊百万庄）
各地新华书店、建筑书店经销
北京密云红光制版公司制版
北京市密东印刷有限公司印刷

*

开本：850×1168 毫米　1/32　印张：3⅛　字数：90 千字
2010 年 8 月第一版　　2011 年 1 月第二次印刷
定价：**10.00** 元
ISBN 978-7-112-12290-5
（19560）

本书是《低碳经济系列丛书》的一个分册。其内容分为：低碳经济的基础知识；国外低碳经济的理念、现状与政策；国内低碳经济的理念与现状；国内低碳经济相关政策与规定；各行各业中的低碳经济措施与进展；低碳经济的发展概况。附录中介绍了《京都议定书》、哥本哈根世界气候大会和国内外低碳案例的情况介绍等。

　　全书对100个问题进行了简约、清晰地作答，为各行各业人员了解国内外低碳经济和有关政策法规提供了基本知识和认识，对发展我国低碳经济起促进作用。

*　　*　　*

责任编辑：唐炳文
责任设计：李志立
责任校对：王　颖　王雪竹

前　言

科技的高速发展使人类快速进入了空前的文明，随着互联网、高速物流手段等的大量使用，人类上天入地、呼风唤雨，根据自己的意志改变着地球的面貌，甚至产生了"地球村"的概念。但在享受所有这些高度文明的同时，人类也付出了巨大的代价，面临了很多前所未有的问题，如海平面升高、臭氧空洞出现、全球气候异常等。人类遇到了前所未有的困难。在迎来一个高度文明时代的同时，我们也在遭遇一个困难重重的时代。在世界范围内，以环境保护、节能减排、循环经济等概念作为核心的运动接踵而至，大气污染物含量控制、水系有机物和重金属污染控制、建筑节能、固体废弃物处理措施相继得到采用。随着京都议定书的签订，从传统的环保意义上并不构成污染的二氧化碳排放也开始引起重视，低碳经济作为一个新的名词进入了人们的视野。2010 年的哥本哈根会议更是将低碳经济推向了一个新的高潮。

地球作为一个封闭体系，尽管物质的形态发生变化，但物质不灭定律是一个永恒有效的规律，远古时代，大量松林的毁灭，将大量的碳源埋在地下，形成了平衡的体系，地下由碳组成的能源以其独特的形式和地球的山川、河流、空气构成一个有机联系的平衡整体，几千年来，人们在这样一种平衡体系中日落而作、日出而息，生态的平衡在无言地延续着。现代工业的发展，以煤、石油、天然气为代表的地下资源得到了快速开发，地下大量以固态形式存在的碳以很快的速度变成了二氧化碳。空气中二氧化碳浓度的快速增加，造成了温室效应，北极的冰在融化，海平面在升高，清洁水源资源日益短缺，上海、首尔等大城市以后将淹没于水下，诸如此类的消息，已为我们的未来敲响了警钟。低碳——已经成为我们应该关注、必须参与的一项重要内容。

在我国政府的大力推动下，国内目前正在轰轰烈烈开展低碳运动，低碳生活、低碳建筑、低碳能源、低碳产业、碳汇、碳交易等名词为社会各界耳熟能详。政府以低碳为指针制定很多政策，商界以低碳为线索寻找各种商机、业界以低碳为目的进行技术改造和革新，教育界以低碳为概念向从小学生到大学生的群体灌输节约、环保理念。网络时代的高节奏将低碳作为一个时髦名词迅速地普及到我们生产、生活的各个角落，人们甚至在对这个概念一知半解的状态下接受了它。喧闹间隙短暂的宁静中，本书的作者注意到，已经很有必要对目前纷繁的低碳信息进行整理，形成一本系统介绍低碳经济来源、发展过程及现状的书籍，以促进人们对低碳经济深入系统的了解。凭着自己有限的知识和局限于这些有限知识而形成的对低碳经济的理解，本书的作者对网络的有关低碳经济的知识进行了系统梳理，形成了本书的内容。

参加本书编写者由中国散协干混砂浆专业委员会常务副主任兼专家组秘书长王新民，北京工业大学材料学院副院长、教授崔素萍，北京工业大学材料学院副教授严建华，无锡江加建设机械有限公司总经理薛国龙，无锡锡通科技集团董事长陆元明，北京工业大学材料学院研究生容构华。对于本书的另外两位参与者——北京工业大学研究生秦魏和刘娇，在此致以深切的谢意。

目　　录

第四章　国内低碳经济相关政策与规定 …………………… 34

第五章　各行各业中的低碳经济措施与进展 •••••••••••••• 45

第六章 低碳建筑的发展概况 ·········· 57

第一章　低碳经济的基础知识

1. 什么是低碳经济？

所谓低碳经济，是指在可持续发展理念指导下，通过技术创新、制度创新、产业转型、新能源开发等多种手段，尽可能地减少煤炭、石油等高碳能源消耗，减少温室气体排放，达到经济社会发展与生态环境保护双赢的一种经济发展形态。发展低碳经济，一方面是积极承担环境保护责任，完成国家节能降耗指标的要求；另一方面是调整经济结构，提高能源利用效益，发展新兴工业，建设生态文明。这是摒弃以往先污染后治理、先低端后高端、先粗放后集约的发展模式的现实途径，是实现经济发展与资源环境保护双赢的必然选择。

2. 低碳经济的内涵是什么？

低碳经济是一种正在兴起的经济形态和发展模式，包含低碳产业、低碳技术、低碳城市、低碳生活等一系列新内容。它通过大幅度提高能源利用效率，大规模使用可再生能源与低碳能源，大范围研发温室气体减排技术，建设低碳社会，维护生态平衡。低碳经济作为一种新经济模式，包含三个方面的内涵：

首先，低碳经济是相对于高碳经济而言的，是相对于基于无约束的碳密集能源生产方式和能源消费方式的高碳经济而言的。因此，发展低碳经济的关键在于降低单位能源消费量的碳排放量（即碳强度），通过碳捕捉、碳封存、碳蓄积降低能源消费的碳强度，控制 CO_2 排放量的增长速度。

其次，低碳经济是相对于新能源而言的，是相对于基于化石能源的经济发展模式而言的。因此，发展低碳经济的关键在于促进经济增长与由能源消费引发的碳排放"脱钩"，实现经济与碳排放错位增长（碳排放低增长、零增长及至负增长），通过能源替代、发展低碳能源和无碳能源控制经济体的碳排放弹性，并最终实现经济增长的碳脱钩。

第三，低碳经济是相对于人为碳通量而言的，是一种为解决人为碳通量增加引发的地球生态圈碳失衡而实施的人类自救行为。因此，发展低碳经济的关键在于改变人们的高碳消费倾向和碳偏好，减少化石能源的消费量，减缓碳足迹，实现低碳生存。

3. 低碳经济概念是如何发展的？

"低碳经济"最早见诸于政府文件是在 2003 年的英国能源白皮书《我们能源的未来：创建低碳经济》。作为第一次工业革命的先驱和资源并不丰富的岛国，英国充分意识到了能源安全和气候变化的威胁，它正从自给自足的能源供应走向主要依靠进口的时代，按目前的消费模式，预计 2020 年英国 80％的能源都必须进口。同时，气候变化已经迫在眉睫。

2006 年，前世界银行首席经济学家尼古拉斯·斯特恩牵头作出的《斯特恩报告》指出，全球以每年 GDP1％的投入，可以避免将来每年 GDP5％～20％的损失，呼吁全球向低碳经济转型。

2007 年 7 月，美国参议院提出了《低碳经济法案》，表明低碳经济的发展道路有望成为美国未来的重要战略选择。

2007 年 12 月 3 日，联合国气候变化大会在印尼巴厘岛举行，15 日正式通过一项决议，决定在 2009 年前就应对气候变化问题新的安排举行谈判，制订了世人关注的应对气候变化的"巴厘岛路线图"。该"路线图"为 2009 年前应对气候变化谈判的关键议题确立了明确议程，要求发达国家在 2020 年前将温室气体减排 25％～40％。"巴厘岛路线图"为全球进一步迈向低碳经济起到了积极的作用，具有里程碑的意义。

联合国环境规划署确定 2008 年"世界环境日"（6 月 5 日）的主题为"转变传统观念，推行低碳经济"。

2008 年 7 月，G8 峰会上八国表示将寻求与《联合国气候变化框架公约》的其他签约方一道共同达成到 2050 年把全球温室气体排放减少 50％的长期目标。

系统地谈论低碳经济，还应追溯至 1992 年的《联合国气候变化框架公约》和 1997 年的《京都协议书》。

4. 低碳经济的发展模式是什么？

低碳经济的发展模式就是在实践中运用低碳经济理论组织经济活动，将传统经济发展模式改造成低碳型的新经济模式。具体来说，低碳经济发展模式就是以低能耗、低污染、低排放和高能源、高效率、高效益（三低三高）为基础，以低碳发展为发展方向，以节能减排为发展方式，以碳中和技术为发展方法的绿色经济发展模式。

5. 低碳经济的实现方式是什么？

低碳经济指改变高碳排放的发展模式，实现绿色的低能耗、低污染、低排放的可持续健康发展。纵观历史，每次全球性的金融危机都会伴随着重大的技术革命，目前很多人认为以新能源为代表的低碳技术将引发第四次科技革命，带动低碳经济相关的产业集群实现高速持续发展。

低碳经济实现方式可概括为两种：一是改变能源使用结构，二是提高能源使用效率。具体来讲，改变能源结构是指降低对化石能源的依赖，提高一次能源使用中太阳能、风能、核能、生物质能、水能等非化石能源的占比，达到减少碳排放的目的。其中，太阳能、风能和核能将是未来发展的重点。在即将公布的新兴能源发展规划中，太阳能、风能和核能的计划装机容量将在 2020 年分别达到现在的 100 倍、12 倍和 8 倍。在此过程中，多晶硅、高效太阳能电池片、光伏设备、太阳能热水器、风力发电机系统的设计和制造等行业都将继续以较快的成长速度发展。此外，水力发电设备、生物燃料的作物养殖与提取以及各类非化石能源发电站的专业运营和配套服务等，都将在低碳经济中得到非常好的发展机遇。

提高能源使用效率是指在工业和生活的各个环节中使用节能技术，减少能源使用而实现碳减排。智能电网、清洁煤技术、新能源汽车和 LED（发光二极管）将是未来发展的重点。根据国家电网公司公布的计划，我国将在 2020 年建设完成以特高压为主干网络的坚强智能电网。清洁煤技术是指从煤炭开发到利用的全过程中旨在减少污染排放与提高利用效率的加工、燃烧、转化及污染控制等新技术，预计到 2050 年在我国的能源使用中煤炭仍然会占到 50％以上，未来清洁煤技术在我国的发展空间非常巨大。新能源汽车也将是未来汽车发展的方向，根据《汽车产业调整和振兴规划》提出的发展目标，到 2011 年我国要形成 50 万辆纯电动、充电式混合动力和普通型混合动力等新能源汽车产能，新能源汽车销量占乘用车销售总量 5％左右，未来这个比例会不断升高。LED 是未来最具发展潜力的节能照明设备，根据国家半导体照明研发及产业联盟的统计和预测，到 2010 年，我国半导体照明市场总体规模将达到 1000 亿元左右，2015 年达到 5000 亿元以上。除了上述技术之外，碳捕捉与封存技术、余热余压发电技术、废弃物回收技术以及新型保温隔热材料和地源热泵等行业及相关产业链的节能也将受益于低碳经济的发展。

6. 市场所认为的低碳经济包含哪些内容？

低碳经济概念包含内容较大，市场所认为的低碳概念一般可以分为两个大类：一是新能源版块，包括风电、核电、光伏发电、生物质能发电、地热能、氢能等。二是节能减排版块，包括智能电网、新能源汽车、建筑节能、半导体照明节能、变频器、余热锅炉、余压利用、清洁煤发电和清洁煤利用版块等。

7. 低碳经济与循环经济的关系是什么？

循环经济是以生态设计（Ecodesign）的理念和原则为指导，以对资源和能源生产、使用、消费和废弃全过程的生命周期评价为手段，追求在产品生产与使用过程中，运用清洁能源实现清洁生产，贯彻节能减排，节省资源使用量，减少环境污染并使废弃物成为新的原材料再次进入生产和消费环节，从而最大限度地实现资源的循环利用，以达到提高资源与环境效益的目的。这是对物质和资源循环利用的全新的经济形式。因此，从某种意义上讲，促进资源的循环利用是循环经济的核心内涵。而低碳经济则是更多地强调了低能耗、低污染、低排放的方面。其实，低碳经济与循环经济本质上讲都是提高资源（能源）与环境效率、追求绿色 GDP，都是为了实现人类社会和经济的可持续发展。表面上看，似乎前者更强调减排温室气体、遏制全球气候变暖的问题，而后者似乎更为综合地强调了在尽可能减小污染的情况下，循环再生利用地球资源。实质上，两者是一个问题的两种表达方式或者两个侧面，都是保护地球生态环境，促进人类与自然和谐共存，从而实现社会经济可持续发展，而且评价的方法也都源于生命周期评价（LCA）。

低碳经济的着重点在于能源及其结构调整，而循环经济则着重于资源/能源的再生循环利用，但前提都是尽可能减少对环境和生态体系的损伤和污染。在当前地球气候变暖以及"哥本哈根气候大会"成为世人注视焦点的大形势下，在全球范围内掀起低碳经济热潮是完全可以理解的，当然也是十分必要和紧迫的。我们必须清醒地认识到：低碳经济不仅是应对气候变化的手段，还是改变国家能源结构，即从传统的高碳能源向低碳能源转化的大事；不仅能够实现减少二氧化碳排放量的目标，还可以为摆脱过分依赖国外能源和不可再生能源创造有利条件，从而保障国家的能源供应，实现国家的能源安全战略。

8. 低碳技术是指什么，其市场如何？

低碳技术是指涉及电力、交通、建筑、冶金、化工、石化等部门开发的有效控制温室气体排放的新技术。科学家们把其分成三类：第一类是减碳技术，是指高能耗、高排放领域的节能减排技术，比如煤的清洁高效利用、油气资源和煤层气的勘探开发技术等；第二类是无碳技术，比如核能、太阳能、风能、生物质能等可再生能源技术；第三类就是去碳技术，典型的就是二氧化碳捕获与封存（Carbon Capture and Storage，CCS）。

随着经济全球化深入发展，降低能耗和减排温室气体成为国际社会面临的严峻挑战，以低能耗、低污染为基础的"低碳经济"成为国际热点，成为继工业革命、信息革命之后又一波可能对全球经济产生重大影响的新趋势。据预测，走"低碳经济"的发展道路，每年可为全球经济产生 25000 亿美元的收益。到 2050 年，低碳技术市场至少会达到 5000 亿美元。为此，一些发达国家大力推进向"低碳经济"转型的战略行动，着力发展"低碳技术"，并对产业、能源、技术、贸易等政策进行重大调整，以抢占产业先机。

世界各国都强调，先进技术的研究、开发和应用是解决气候变化的最终手段。但是发达国家担心转让先进技术会影响其国内产业和产品的国际竞争力，10 多年的气候谈判中，虽然在相关的公约和协议中都声称转让技术，但总是以各种借口拖延这项义务的履行。虽然缔约方会议已经就技术转让问题作出过大量决定，但真正实现发达国家向发展中国家转让先进技术以减排温室气体的案例，还没有在缔约方会议上展示过。从这里也可以看出，技术确实是未来发展的竞争手段，因此我国需要提高我们的研究技术水平，调整产业结构，发展低碳经济。

9. 什么是 CCS 技术？

CCS 技术是 Carbon Capture and Storage 的缩写，是将二氧化碳（CO_2）捕获和封存的技术。CCS 技术是指通过碳捕捉技术，将工业和有关能源产业所生产的二氧化碳分离出来，再通过碳储存手段，将其输送并封存到海底或地下等与大气隔绝的地方。该技术主要包括：①二氧化碳的分离和捕获；②二氧化碳的运输；③二氧化碳的地质封存或海洋封存等。

CCS是稳定大气温室气体浓度的减缓行动组合中的一种选择方案。CCS具有减少整体减缓成本以及增加实现温室气体减排灵活性的潜力。CCS的广泛应用取决于技术成熟性、成本、整体潜力、在发展中国家的技术普及和转让及其应用技术的能力、法规因素、环境问题和公众反应。CO_2的捕获可用于大点源。CO_2将被压缩、输送并封存在地质构造、海洋、碳酸盐矿石中，或是用于工业流程。CO_2大点源包括大型化石燃料或生物能源设施、主要CO_2排放型工业、天然气生产、合成燃料工厂以及基于化石燃料的制氢工厂。潜在的技术封存方式有：地质封存（封存在地质构造中，例如石油和天然气田、不可开采的煤田以及深盐沼池构造）、海洋封存（直接释放到海洋水体中或海底）以及将CO_2固化成无机碳酸盐。

10. 什么是碳汇？

碳汇一般是指从空气中清除二氧化碳的过程、活动、机制。它主要是指森林吸收并储存二氧化碳的多少或者说是森林吸收并储存二氧化碳的能力。也可以广义地说，碳汇就是捐资造林，让自己出资培育的森林消除自己因工作、生活而排放的二氧化碳。

11. 什么是碳交易？

碳交易是为促进全球温室气体减排，减少全球二氧化碳的排放所采取的市场机制。1997年联合国政府间气候变化专门委员会通过的"京都议定书"具体规定了发达国家2008～2012年的减排目标，并把市场机制作为解决二氧化碳为代表的温室气体（共六种：二氧化碳、甲烷、氧化亚氮、氢氟碳化物、全氟碳化物、六氟化硫，二氧化碳占比例最大，约55％）减排问题的新途径，即把温室气体排放权作为一种商品，从而形成了温室气体排放权的交易。在六种被要求减排的温室气体中，二氧化碳为最大宗，这种交易以每吨二氧化碳当量为计算单位，所以统称为"碳交易"，其交易市场称为"碳市场"。

全球二氧化碳的买家主要有五类：国家多边援助机构受各国和地区的委托设立的二氧化碳基金，大型排放企业（如钢铁、铁路等），金融机构设立的盈利性投资碳基金，政府双边合作的二氧化碳基金，自愿进行减排的基金（企业或个人等）。其交易机制有三种：即排放交易、联合履行和清洁发展机制（CDM）。前两种是发达国家之间的交易，一般是未完成减排指标国与超额完成减排指标国之间的交易，既有现货交易也有期货交易。清洁发展机制是发达国家与发展中国家之间的交易，是一项双赢机制，一方面发展中国家可获得资金和技术，另一方面发达国家可降低在国内实现减排的高额成本，从而降低全球总体成本。

我国是全球第二大"议定书"纳入强制减排计划中，但我国一直通过清洁发展机制参与碳交易市场活动，2008 年中国清洁发展机制项目产生的核证减排量的成交量已占世界总成交量的 84％。

12. 什么是碳税？其作用是什么？

"碳税"是指针对二氧化碳排放所征收的税。它以环境保护为目的，希望通过削减二氧化碳的排放来减缓全球变暖。碳税通过对燃汽油、航空燃油、天然气等化石燃料产品，按其碳含量的比例征税，来实现减少化石燃料的消耗和二氧化碳的排放。与总量控制和排放贸易等市场竞争为基础的温室气体减排机制不同，征收碳税只需额外增加非常少的管理成本就可以实现。

财政部财科所课题组发布的"中国开征碳税问题研究"报告称，可以考虑在未来五年内开征碳税，并具体提出我国碳税制度的实施框架。

第二章 国外低碳经济的理念、现状与政策

13. 世界各国低碳经济的政策是什么?

英国:绿色能源、绿色生活和绿色制造

2009 年 7 月 15 日,英国发布了《英国低碳转换计划》、《英国可再生能源战略》,标志英国成为世界上第一个在政府预算框架内特别设立碳排放管理规划的国家。按照英国政府的计划,到 2020 年可再生能源在能源供应中要占 15% 的份额。在住房方面,英国政府拨款 32 亿英镑用于住房的节能改造。在交通方面,新生产汽车的二氧化碳排放标准要在 2007 年基础上平均降低 40%。同时,英国政府还积极支持绿色制造业,研发新的绿色技术。

德国:发展生态工业

2009 年 6 月,德国公布了一份旨在推动德国经济现代化的战略文件,在这份文件上,德国政府强调生态工业政策应成为德国经济的指导方针。为了实现从传统经济向绿色经济转轨,德国除了注重加强与欧盟工业政策的协调和国际合作之外,还计划增加政府对环保技术创新的投资,并通过各种政策措施,鼓励私人投资。

法国:发展核能和可再生能源

2008 年 12 月,法国环境部公布了一揽子旨在发展可再生能源的计划,这一计划有 50 项措施,涵盖了生物能源、风能、地热能、太阳能以及水力发电等多个领域。2009 年,法国政府投资 4 亿欧元,用于研发清洁能源汽车和"低碳汽车"。此外,核能一直是法国能源政策的支柱,也是法国绿色经济的一个重点。

美国:奥巴马政府的"绿色能源法案"

2009 年 3 月 31 日,由美国民主党主导的美国众议院能源委

员会向国会提出了"2009年美国绿色能源与安全保障法（American Clean Energy and Security Act of 2009)"。该法案由绿色能源、能源效率、温室气体减排、向低碳经济转型四个部分组成。法案明确规定，美国的电力公司、石油企业和大型制造业企业必须设定减排目标，进行排放量交易。美国应以2005年为基准年度到2012年使温室气体减排3％，到2020年减排20％，到2030年减排42％，到2050年减排83％。该法案构成了美国向低碳经济转型的法律框架。

巴西：生物燃料技术

从20世纪70年代开始，巴西政府十分重视对绿色能源的研究。巴西政府还通过补贴、设置配额、统购燃料乙醇以及运用价格和行政干预等手段鼓励民众使用燃料乙醇。随着各国对乙醇燃料兴趣的日益高涨，巴西政府已经制定了乙醇燃料生产计划。

日本：建设低碳社会

2009年4月，日本政府公布了名为《绿色经济与社会变革》的政策草案，目的是通过实行削减温室气体排放等措施，强化日本的绿色经济。2009年5月，日本正式启动支援节能家电的环保点数制度，通过日常的消费行为固定为社会主流意识，集中展示绿色经济的社会影响力。

韩国：低碳、绿色经济振兴战略

2009年7月，韩国公布绿色增长国家战略及五年计划，未来五年间韩国将累计投资107万亿韩元发展绿色经济。韩国政府还计划在大城市开展"变废为能"活动。此外，韩国政府还计划在未来四年内拥有200万户使用太阳能热水器的"绿色家庭"。

14. 世界各国发展低碳经济的路线图是什么？

世界各国发展低碳经济，主要通过以下途径：

1. 产业结构调整；2. 节能和提高化石能源利用效率；3. 在土地利用中增加碳汇、减少碳源；4. 碳捕集和碳封存（CCS，Carbon Capture And Storage）；5. 清洁能源应用和传统能源的清洁利用；6. 发展无碳能源和可再生能源，改变能源结构；7. 重新重视核电和大水电；8. 行为节能和行为减排。

15. 欧盟在低碳经济领域的领先优势是什么？

欧盟在低碳经济的三大领域都具有明显的领先优势。一是技术与产业链，二是话语权，三是市场。

经过长时期的发展与推动，欧洲"低排放、高环保"低碳产业技术较为先进，风电、核电技术在世界上首屈一指，并初步形成了相应的产业链。正是基于这种自信，在《京都议定书》第一阶段承诺自愿减排目标的国家绝大多数是欧盟成员国。

与此同时，欧洲对环境气候的研究开展时间最早，投入力度最大，研究水平也始终处于世界的前列。这些研究成果使得欧洲在全球气候控制谈判中拥有了不可争辩的话语权。不仅全球气候控制目标以此为主要依据，而且各国对本区域的相关预测与规划也往往以其为出发点。

在市场培育方面，世界上第一个，目前也是唯一一个国际二氧化碳排放权交易市场就是"欧盟排放贸易系统"。这一市场于2005年1月开始启动，覆盖了欧盟现有27个成员国的近1.15万个工业排放实体。

16. 哥本哈根协定前后的各国减排承诺情况如何？

哥本哈根协定前后的各国减排承诺对比见表1和表2。

（工业化国家）2020年的总体经济减排量化目标 表1

国　　家	哥本哈根会议之前的减排目标与基准年	哥本哈根协定的减排承诺与基准年	变　化
澳大利亚	5%～25%（2000）	5%～25%（2000）	无变化
加拿大	20%（2006）	17%（2005）	减弱
克罗地亚	5%（到加入欧盟前）	5%（到加入欧盟前）	无变化
欧盟	20%～30%（1990）	20%～30%（1990）	无变化

国　家	哥本哈根会议之前的减排目标与基准年	哥本哈根协定的减排承诺与基准年	变　化
冰岛	15%（1990）	NotYet	—
日本	25%（1990）	25%（1990）	无变化
哈萨克斯坦	15%（1992）	15%（1992）	无变化
新西兰	10%～20%（1990）	10%～20%（1990）	无变化
挪威	30%～40%（1990）	30%～40%（1990）	无变化
俄罗斯	15%～25%（1990）	15%～25%（1990）	无变化
瑞士	20%～30%（1990）	仍未递交	—
土耳其	7%（1990）	仍未递交	—
乌克兰	20%（1990）	仍未递交	—
美国	17%（2005）	17%（2005）	无变化

（发展中国家）符合发展中国家本国国情的减排行动　表2

国　家	哥本哈根会议之前的努力	哥本哈根协定的承诺	变　化
巴西	36%～39%（BAU）	36%～39%（BAU）	无变化
中国	40%～45%碳强度（2005）	40%～45%碳强度（2005）	无变化
印度	20%～25%碳强度（2005）	20%～25%碳强度（2005）	无变化
印度尼西亚	26%（BAU）（如果获得资金等支持）	26%（BAU）	无变化
以色列	20%（BAU）（1）	20%（BAU）	无变化
马尔代夫	100%	100%	无变化
马绍尔群岛	无减排目标	40%（2009）	加强
墨西哥	20%～30%（BAU）	仍未递交	
摩尔多瓦		25%（1990）	新目标
新加坡	16%（BAU）	16%（BAU）	无变化
南非	34%（BAU）	34%（BAU）	无变化
韩国	30%（BAU）	30%（BAU）	无变化

表中 BAU 全称为 Business As Usual，即基准情景。

17. 伦敦未来的低碳发展是什么？

伦敦政府计划提出的措施能够在 2025 年前，令该市的二氧化碳排放每年减少 1960 万 t。然而，要达到减排目标，伦敦还要每年减排 1340 万 t 二氧化碳，这需要英国政府推动全国性的政策配合。因此，现任市长鲍里斯·约翰逊在 2008 年 5 月当选以来游说英国政府加快推行相关政策，例如在全球大规模投资可再生能源，向各行业征收二氧化碳税等。

伦敦市低碳城市建设有几个政策方向：①帮助商业领域提高减少碳排放的意识，并给他们提供改变措施的信息。鼓励所有商业在他们投资的时候都要向低碳一体化过度；②降低地面交通运输的排放。引进碳价格制度，根据二氧化碳排放水平，向进入市中心的车辆征收费用。致力于使伦敦成为欧洲国家中电力汽车的首都；③改善现有和新建建筑的能源效益。推行"绿色家居计划"，向伦敦市民提供家庭节能咨询服务；要求新发展计划优先采用可再生能源。④发展低碳及分散（low carbon and decentralized）的能源供应。在伦敦市内发展热电冷联供系统（combined cooling，heat and power），小型可再生能源装置（风能和太阳能）等。代替部分由国家电网供应的电力，从而减低因长距离输电导致的损耗。⑤市政府以身作则。严格执行绿色政府采购政策，采用低碳技术和服务，改善市政府建筑物的能源效益，鼓励公务员习惯节能。⑥为了适应伦敦市未来更炎热的夏天，政府通过合理可行的方法，设计出减少水消耗的建筑。将使用商业模型，创立成本中立（cost neutral）的方法来升级建筑物的能源有效使用，从而支持"建筑能源有效利用工程"。

第三章 国内低碳经济的理念与现状

18. 我国低碳经济有哪些大事记?

2006 年

科技部、中国气象局、国家发改委、原国家环保总局等 6 部委联合发布了我国第一部《气候变化国家评估报告》。

2007 年

6 月，中国正式发布了《中国应对气候变化国家方案》。

8 月，国家发改委发布《可再生能源中长期发展规划》，可再生能源占能源消费总量的比例将从目前的 7% 大幅增加到 2010 年的 10% 和 2020 年的 15%；优先开发水力和风力作为可再生能源。为达到此目标，到 2020 年共需投资两万亿元；国家将出台各种税收和财政激励措施。

9 月，国家主席胡锦涛在亚太经合组织第 15 次领导人非正式会议上明确主张"发展低碳经济"，并提出 4 项建议应对全球气候变化：应该加强研发和推广节能技术、环保技术、低碳能源技术，并建议建立"亚太森林恢复与可持续管理网络"，共同促进亚太地区森林恢复和增长，增加碳汇，减缓气候变化。

12 月，国务院新闻办发表《中国的能源状况与政策》白皮书，着重提出能源多元化发展，并将可再生能源发展正式列为国家能源发展战略的重要组成部分，不再提以煤炭为主。

2008 年

6 月，胡锦涛总书记在中央政治局集体学习会上强调，必须以对中华民族和全人类长远发展高度负责的精神，充分认识应对气候变化的重要性和紧迫性，坚定不移地走可持续发展道路，采取更加有力的政策措施，全面加强应对气候变化能力建设，为我国和全球可持续发展事业进行不懈努力。

2009 年

8月，国务院研究制订了《关于发展低碳经济的指导意见》。

9月，在纽约联合国大会上，国家主席胡锦涛发表了题为"携手应对气候变化挑战"的重要讲话，宣布中国将进一步把应对气候变化纳入经济社会发展规划，并继续采取强有力的措施。

11月，国务院总理温家宝主持召开国务院常务会议，会议决定，到2020年我国单位国内生产总值二氧化碳排放比2005年下降40%～45%，作为约束性指标纳入国民经济和社会发展中长期规划，并制定相应的国内统计、监测、考核办法。

12月，在哥本哈根会议上，国务院总理温家宝发表重要讲话，他指出，中国是最早制定实施《应对气候变化国家方案》的发展中国家。中国是近年来节能减排力度最大的国家。中国是新能源和可再生能源增长速度最快的国家。中国是世界人工造林面积最大的国家。

2010年

1月，中国政府网公布《国务院办公厅关于成立国家能源委员会的通知》，国务院总理温家宝出任能源委主任，副总理李克强任副主任，包括外交部、财政部、国土资源部、工信部、科技部等多个部委"一把手"及军队高层出任委员。

19. 为什么要发展低碳经济？

我国作为高举和谐世界旗帜的负责任的国家，其发展低碳经济的动因是从以下几个方面作出思考的。

一、发展低碳经济是国际社会的共识。

预计到2050年世界经济规模比现在要高出3～4倍，而目前全球能源消费结构中，碳基能源（煤炭、石油、天然气）在总能源中所占的比重高达87%，未来的发展如果仍然采用高碳模式，到本世纪中期地球将不堪重负。由此，以低碳经济为基本内涵的发展模式就提到了日程之上。

二、发展低碳经济是我国建设资源节约型与环境友好型社会的必然要求。

2009年9月22日，国家主席胡锦涛在联合国气候变化峰会开幕式上，发表了题为"携手应对气候变化挑战"的重要讲话，明确表示中国"将继续坚定不移为应对气候变化作出切实努力"，同时强调中国将进一步采取四项强有力的措施应对气候变化，其中之一就是"积极发展低碳经济"。发展低碳经济不仅是我国转变发展方式、调整产业结构、提高资源能源使用效率、保护生态环境的需要，也是在国际金融危机的情况下增强国内产品的国际竞争力、扩大出口以及缓解在全球温室气体排放等问题上所面临的国际压力的需要。这既符合我国现代化进程的要求，又可以面对来自国际上的挑战。

三、我国发展低碳经济的必要性与紧迫性。

我国是发展中大国。经济发展过分依赖化石能源资源的消耗，导致碳排放总量不断增加、环境污染日益加重等问题，已经严重影响到经济增长的质量效益和发展的可持续性。党的十七大报告明确提出："建设生态文明，基本形成节约能源资源和保护生态环境的产业结构、增长方式、消费模式。主要污染物排放得到有效控制，生态环境质量明显改善。"因此，我国发展低碳经济除了应对气候变化等外部压力外，至少还有5个方面的内在要求。

1. 我国人均能源资源拥有量不高，探明量仅相当于世界人均水平的51%。这种先天不足再加上后天的粗放利用，客观上要求我们发展低碳经济。

2. 碳排放总量突出。按照联合国通用的公式计算，碳排放总量实际上是4个因素的乘积：人口数量、人均GDP、单位GDP的能耗量（能源强度）、单位能耗产生的碳排放（碳强度）。我国人口众多，经济增长快速，能源消耗巨大，碳排放总量不可避免地逐年增大，其中还包含着出口产品的大量"内涵能源"。我们靠高碳路径生产廉价产品出口，却背上了碳排放总量大的"黑锅"。在一些发达国家将气候变化当作一个政治问题之后，我国发展低碳经济意义尤为重大。

3. "锁定效应"的影响。在事物发展过程中，人们对初始路径和规则的选择具有依赖性，一旦作出选择，就很难改弦易辙，以至在演进过程中进入一种类似于"锁定"的状态，这种现象简称"锁定效应"。工业革命以来，各国经济社会发展形成了对化石能源技术的严重依赖，其程度也随各国的能源消费政策而异。发达国家在后工业化时期，一些重化工等高碳产业和技术不断通过国际投资贸易渠道向发展中国家转移。中国倘若继续沿用传统技术，发展高碳产业，未来需要承诺温室气体定量减排或限排义务时，就可能被这些高碳产业设施所"锁定"。因此，我国在现代化建设的过程中，需要认清形势，及早筹划，把握好碳预算，避免高碳产业和消费的锁定，努力使整个社会的生产消费系统摆脱对化石能源的过度依赖。

4. 生产的边际成本不断提高。碳减排客观上存在着边际成本与减排难度随减排量增加而增加的趋势。1980—1999年的19年间，我国能源强度年均降低了5.22%；而1980—2006年的26年间，能源强度年均降低率为3.9%。两者之差，隐含着边际成本日趋提高的事实。另外，单纯节能减排也有一定的范围所限。因此，必须从全球低碳经济发展大趋势着眼，通过转变经济增长方式和调整产业结构，把宝贵的资金及早有序地投入到未来有竞争力的低碳经济方面。

5. 碳排放空间不大。发达国家历史上人均千余吨的二氧化碳排放量，大大挤压了发展中国家当今的排放空间。我们完全有理由根据"共同但有区别的责任"原则，要求发达国家履行公约规定的义务，率先减排。2006年，我国的人均用电量为2060度，低于世界平均水平，只有经合组织国家的1/4左右，不到美国的1/6。但一次性能源用量占世界的16%以上，二氧化碳排放总量超过了世界的20%，同世界人均排放量相等。这表明，我国在工业化和城市化进程中，碳排放强度偏高，而能源用量还将继续增长，碳排放空间不会很大，应该积极发展低碳经济。

20. 我国如何发展低碳经济？

对中国来说，发展低碳经济可以从以下几个方面入手：

第一，结合我国建设资源节约型、环境友好型社会和节能减排的工作需求，制定国家低碳经济发展战略，开展社会经济发展碳排放强度评价，指导和引领政府、企业、居民的行动方向和行为方式。

第二，增强自主创新能力，开发低碳技术和低碳产品。高度重视研发工作，重点着眼于中长期战略技术的储备；整合市场现有的低碳技术，加以迅速推广和应用；理顺企业风险投融资体制，鼓励企业开发低碳等先进技术；加强国际间交流与合作，促进发达国家对中国的技术转让。

第三，开征碳税和推行碳交易被认为是有效的经济政策手段，应充分利用节能减排与低碳经济发展之间的政策协同关系，建立适应中国国情的支持低碳经济的市场体系和政策体系。

第四，先行试点示范，总结经验逐步推广。在电力、交通、建筑、冶金、化工、石化等能耗高、污染重的行业先行试点，作为中国探索低碳经济发展的重点领域。同时，积极构建"低碳经济发展区"，在东部发达地区和国家重点能源基地选定典型城市进行试验试点，寻求中国的低碳经济发展之路。

21. 发展低碳经济，中国在哪些领域存在机会？

现在，气候变暖已深刻地影响到人类的生活。然而气候变暖也可能会对中国带来一个巨大的机会，它将强有力地促进中国从黑色发展模式向绿色发展模式转变，从高碳经济向低碳经济转变。中国有可能成为世界最大的碳交易市场、最大的环保节能市场、最大的低碳商品生产基地和最大的低碳制品出口国。低碳经济世界中的中国，应该关注如下具体问题。第一，中国能源消费的调整。作为世界上最大的煤炭生产和消耗国，中国不在能源战略上进行调整，改变对煤炭依赖过大的消费特点，将难以减轻碳排放的压力。为此，中国应该在能源消费多元化、煤炭利用的多元化等方面下工夫，以多种政策来引导能源消费结构的调整。第二，结合中国国情，有效推动新能源技术的应用。中国也应该制订出相应的国家目标，将其列入社会与经济发展的五年规划，最好能使之具有法律效力。中国在新能源利用上与国际先进水平的差距相对较小，市场对新能源的接受度也较高。新能源的发展还能带动起相关的产业链，对经济的拉动作用不容低估。第三，新能源汽车应该成为国家重点扶持的重要产业。中国在新能源汽车发展上与发达国家的差距，要比传统汽车小得多，在中国推动新能源汽车，以中国巨大的国内消费市场，有可能走出一条不同于其他国家的路子，甚至会颠覆传统汽车产业的某些模式。第四，低碳经济在城市规划和建设中大有可为。低碳经济在城市规划、产业规划中有巨大的作用空间。

22. 我国发展低碳经济的条件如何？

我国发展低碳经济的条件有不利条件和有利条件。我国发展低碳经济面临诸多不利条件：一是发展阶段。中国目前正经历着工业化、城市化快速发展的阶段，人口增长、消费结构升级和城市基础设施大量建设工程使得对能源的需求和温室气体排放不断增长。二是发展方式。长期以来，中国经济发展呈现粗放式的特点，对能源和资源依赖度较高，单位 GDP 能耗和主要产品能耗均高于主要能源消费国家的平均水平。三是资源禀赋。中国"富煤贫油少气"的能源资源结构，决定了中国以煤为主的能源生产和消费格局将长期存在。四是贸易结构。在现阶段全球产业分工体系中，美、日、欧等已进入知识经济或服务经济时期，在全球产业分工体系中处于领先地位，而中国产业仍处于低端位置，在产业技术含量、附加值和竞争力等方面均与发达国家有较大落差。

当然，中国发展低碳经济也有许多有利条件：一是减排空间大。由于产业结构、消费结构处于高能耗阶段，加上节能技术水平较低，能源管理漏洞较多，使得中国的能耗强度和能源效率明显偏低。二是通过结构调整、技术革新和改善管理等途径，实现节能减排的余地较大。三是减排的成本低。相对于发达国家，中国的减排成本比较低。从国际上看，框架公约规定每吨成本超过30美元，中国的成本大体在15美元。四是技术合作潜力大。一方面，中国与发达国家在低碳技术方面还存在较大落差。另一方面，低碳技术国际合作的机会在增加。

23. 国际低碳经济发展经验对中国有哪些启示？

1. 继续加大国家层面上的法律和政策支持，鼓励相关地方法规的制定和实施。2007年《中国应对气候变化国家方案》和《国家环境保护"十一五"规划》先后出台，气候问题和环境保护被正式列入国家发展计划。

2. 提高能源利用效率，优化能源结构。目前，我国的能源系统效率为33.4%，比国际先进水平低10个百分点，而且电力系统普遍存在着低效率运行和严重能源浪费问题。低碳工业必须建立在低碳或无碳能源基础之上，而新能源的基础设施建设需要巨额资金和较长的建设周期，所以在开发新能源的同时，应该把能源结构的调整与提高能源利用效率相结合。

3. 加快产业结构调整步伐，限制高碳产业的市场准入。

4. 加强低碳技术国际合作，提高低碳技术的自主研发能力。低碳技术的开发主要依赖于两个途径：一是自主研发；二是直接引入国外的先进技术。

5. 开发低碳居住空间，实施低碳化的城市公共交通系统。

24. 中国作为"高碳经济"的典型代表，表现在哪些方面？

中国作为"高碳经济"的典型代表，2007年，我国消费煤炭约23亿t，碳基燃料共排放出CO_2达到54.3亿t，居全球第二。我国每建成$1m^2$的房屋，约释放出$0.8t$ CO_2；每生产1度电，要释放$1kg$ CO_2；每燃烧$1L$汽油，要释放出$2.2kg$ CO_2。

其中化石能源占总能源数量的 92%，而伴随着能源、汽车、钢铁、交通、化工、建材六大高耗能产业的高速发展，中国工业化、城市化和现代化的加速推进，13 亿人口生活质量的不断提升，能源消耗还在飞速增长。

25. 碳关税的定义及其对中国的影响？

碳关税是指对高耗能产品进口征收特别的二氧化碳排放关税。

从中国对美贸易的总体情况来看，美国"碳关税"的征收，无论是出口还是进口均将产生负面影响，比较而言，对美出口的影响要略大于进口的影响。出口方面，若征收 30 美元/t 碳的关税，将会使得中国对美国出口下降近 1.7%，当关税上升为 60 美元/t 碳时，下降幅度增加为 2.6% 以上；进口方面，若征收 30 美元/t 碳的关税，将会使得中国对美国进口下降 1.57%，当关税上升为 60 美元/t 碳时，下降幅度增加为 2.59%。

除却直接影响产业发展外，美国对华征收碳关税还将对中国就业、劳动报酬以及居民福利造成负面效应。

商务部 2009 年 7 月 3 日表态称，在当前形势下提出实施"碳关税"只会扰乱国际贸易秩序，中方对此坚决反对。征收"碳关税"违反了世界贸易组织的基本规则，是以环境保护为名，行贸易保护之实。这种做法违反了 WTO 基本规则，也违背了《京都议定书》确定的发达国家和发展中国家在气候变化领域"共同而有区别的责任"原则，严重损害发展中国家利益。

商务部称，中国政府在应对气候变化问题上一向持积极主动和负责任的立场。

26. 到 2020 年我国控制温室气体排放的行动目标是什么？

2009 年 11 月 25 日，中国政府宣布了到 2020 年控制温室气体排放的行动目标：到 2020 年，我国单位 GDP（国内生产总值）二氧化碳排放将比 2005 年下降 40%～45%，并将其作为约束性指标纳入国民经济和社会发展中长期规划。与此同时，我国还将采取到 2020 年使非化石能源占一次能源消费的 15％左右，增加森林碳汇，使森林面积比 2005 年增加 4000 万 hm²，森林蓄积量比 2005 年增加 13 亿 m³ 等减排举措。中国有信心实现新的承诺，还因为中国已从制度和立法上做好了准备。中国于 2007 年成立了由国务院总理任组长的国家应对气候变化领导小组，并公布了《中国应对气候变化国家方案》，2008 年又发布了《中国应对气候变化的政策与行动》白皮书和《可再生能源发展"十一五"规划》等。自 2006 年以来，中国政府相继实施了《节约能源法》、《可再生能源法》、《清洁生产促进法》、《循环经济促进法》，为节能减排和应对气候变化奠定了立法基础。

27. 我国碳排放现状及未来趋势如何？

从总量上看，目前我国二氧化碳排放量已位居世界第二，甲烷，氧化亚氮等温室气体的排放量也居世界前列。1990～2001 年，我国二氧化碳排放量净增 8.23 亿 t，占世界同期增加量的 27％。

2005 年我国二氧化碳排放量占全球总量的 18％，居全球第二，仅次于美国；人均二氧化碳排放量低。2005 年我国人均二氧化碳排放量约 3.9t，低于世界的平均水平 4.2t，不到 OECD 国家人均二氧化碳排放量（11 吨）的 2/5；二氧化碳排放强度高。

中国 2006 年的二氧化碳排放总量是 62 亿 t，已超美国列世界第一。

未来碳排放的增长趋势不可避免。预计到 2020 年，排放量为 15.43～21.74 亿 t 碳，要在 2000 年的基础上增加 1.32 倍，这个增量要比全世界在 1990 年到 2001 年的总排放增量还要大。预测表明，到 2025 年前后，我国的二氧化碳排放总量很可能超过美国，居世界第一位。从人均来看，目前我国人均二氧化碳排放量低于世界平均水平，到 2025 年可能达到世界平均水平，虽然仍低于发达国家的人均二氧化碳排放量水平，但已丧失人均二氧化碳排放水平低的优势。从排放强度来看，由于技术和设备相对陈旧、落后，能源消费强度大，我国单位国内生产总值的温室气体排放量也比较高。作为经济充满活力，正处于工业化、城市化和现代化进程中的发展中大国，国际上的流行观点认为，要实现公约的最终目标："把大气中温室气体的浓度稳定在防止气候系统遭受危险的人为干扰的水平上"，要以中国实施大量减排为先决条件。中国温室气体的排放总量大，增长潜力大，是一个事实。人们对中国反对做出减排承诺给予理解，因为目前中国许多地区还处于贫困之中，必须将发展经济和提高人民生活水平放在首位。如果中国得到长足发展，中国将有能力为减缓气候变化做出积极贡献。

28. 为有效推广低碳技术，切实推动绿色建筑发展，全国工商联的建议是什么？

为有效推广低碳技术，切实推动绿色建筑发展，全国工商联建议：

1. 推广绿色低碳技术，将绿色低碳建筑发展纳入"十二五"规划。推广绿色低碳技术与建筑亟待国家政策强力支撑，希望有关部门组织专门力量制定政策层面的低碳技术与建筑发展战略，明确战略思想、清晰战略目标、落实战略措施和战略重点，对房地产领域的低碳事业给予明确的国家鼓励政策支持，并纳入"十二五"规划中。

2. 在土地、税收、产业等政策方面向绿色低碳建筑倾斜。绿色低碳建筑是一个系统化的概念，是贯穿规划、设计、施工、管理、消费全过程始终的概念。政府管理部门不仅要在减碳方面有政策与财政方面的支持，还要在节水、节材、节地和环境保护方面有所部署，在土地政策、税收政策、产业政策方面进行改革和倾斜，鼓励绿色低碳建筑顺利开展。其中，政策上可以减碳指标来进行金融和土地等资源配置，设置不同的税费征收标准，改变以单纯的"价高者得"的土地出让办法，有利于平抑地价和房价。这样一来，房地产企业也必将更加重视项目的品质，主动应用绿色低碳技术，对于房地产行业本身将是一次革命性的产业结构调整。

3. 鼓励绿色低碳房地产金融创新。房地产是资本密集型产业，要使资本与绿色低碳地产相结合，绿色低碳地产是房地产长远发展的"平衡基金"和控制资产泡沫、平抑房价的"对冲基金"。因此，建议鼓励发展绿色低碳房地产信托投资基金，通过多种融资方式为低碳地产开发提供发展资金。未来，还要在已量化绿色建筑节碳指标的基础上，建立节碳的基准值并计算住区节碳总量，并逐步建立房地产低碳的信用积分机制，以便和货币及金融挂钩，形成中国低碳住区碳交易体系，为未来国际化的碳交易、碳税、碳货币做好准备。

4. 建立房地产碳信用积分机制，尝试设立"房地产碳税空转制度"。在目前暂未实行碳税的情况下，尝试将开发企业累积的碳减排量实行积分制，尝试设立"房地产碳税空转制度"，当条件成熟时，用于冲抵碳税或政策规定的其他税费。

29. 低碳经济时代生产企业的环境法律责任有哪些？

就目前我国节能减排的现状看，应按照低碳经济发展的需要调整产业结构，同时通过立法明确规范低碳时代生产企业的环境法律责任。

第一，以节能减排为核心，完善环境立法是低碳经济发展的要求，也是推动企业承担环境责任，落实科学发展观，实现可持续发展的必然选择。

第二，以清洁生产为指导规范企业行为，是低碳经济发展和保障企业环境责任实现的关键。

第三，加强对企业生产排污的治理，改革排污收费制度，健全排污权交易法律制度，为低碳经济发展和企业环境责任的实现提供支持。

第四，开征环境税，完善资源税，发挥税收在节能减排中的杠杆作用，促动企业承担环境责任。

30. 什么是低碳城市？

低碳城市是指在经济、社会、文化等领域全面进步，人民生活水平不断提高的前提下，减低二氧化碳的排放量，实现可持续发展的宜居城市。它要求以低碳经济为发展模式和方向，市民以低碳生活为理念和行为特征，政府公务管理层以低碳社会为建设目标和蓝图。

31. 什么是低碳生活？

所谓"低碳生活（low-carbon life）"，就是指生活作息时所耗用的能量要尽力减少，从而减低二氧化碳的排放量。低碳生活，对于我们这些普通人来说是一种态度，而不是能力。我们应该积极提倡并去实践低碳生活，要注意 4 个节：节电、节水、节油、节气。从这些点滴做起，那么关心全球气候变暖的人们应该把减少二氧化碳实实在在地带入了生活。

32. 建设低碳城市从哪些方面入手？

低碳城市目前已成为各地的共同追求，很多国际大都市以建设发展低碳城市为荣，关注和重视在经济发展过程中的代价最小化，以及人与自然和谐相处，人性的舒缓包容。

建设低碳城市必须从五个方面着手：一是城市建设中要有很好的低碳规划，基础设施建设要有相应的低碳管理体系；二要有相应的低碳经济和产业结构；三是因地制宜，充分利用可再生能源；四是城市生活的消费模式中，提倡低碳理念；五要有低碳交通体系。

33. 中国哪两个城市入选世界自然基金会（WWF）首批试点城市？其行动计划是什么？

2008 年 1 月 28 日，全球性保护组织——世界自然基金会（WWF）在北京正式启动"中国低碳城市发展项目"，上海和河北保定市入选首批试点城市。并将在建筑节能、可再生能源和节能产品制造与应用等领域，寻求低碳发展的解决方案，以总结出可行模式，向全国推广。

在低碳城市发展项目的计划里，世界自然基金会（WWF）将与上海市建设与交通委员会、上海市建筑科学研究院合作，对建筑的能源消耗情况进行调查、统计，从办公楼、宾馆、商场等大型商业建筑中选择试点建筑，公开能源消耗情况，进行能源审计，找出提高大型建筑能效的途径；同时，对公共建筑的物业管理人员进行培训，提高其节能运行的认识和能力。此外，世界自然基金会（WWF）还将与合作伙伴一起研究关于生态建筑发展的政策建议，并选择具体的项目实施和示范。

在保定，世界自然基金会（WWF）将与保定（国家）可再生能源产业化基地、保定高新开发区联手打造"太阳能示范城"和新能源制造基地，建设可再生能源信息交流与技术合作网络，促进可再生能源产品的投资与出口。

34. 上海市政府和企业低碳经济发展模式的进展如何？

上海市松江区政府大力发展循环经济，促进经济方式转变，在全国率先探索低碳经济的发展模式。由上海管理科学研究院主办、住房和城乡建设部中国城市科学研究会支持、北京城市发展研究所和上海丽德置业有限公司共同承办的中国低碳产业发展研讨会，在上海市松江区举行。会议旨在推动我国低碳城市建设，促进低碳产业发展，研讨低碳产业的市场化方法，为我国节能减排和低碳经济发展的研究提供经验。

上海正通过推进节能减排，加快产业结构调整和经济发展方式的转变，加强生态环境保护和生态城市建设等多方面举措，积极应对气候变化，并取得了明显成效。"低碳世博"也正是2010年上海世博会的重要理念之一。

由住房和城乡建设部中国城市科学研究会和上海丽德置业有限公司作为发起方，在松江区泗泾镇投资创办了"中国上海低碳经济发展创新基地"，项目共计投入资金 8 亿元，主要用于基地的基础设施、基本建设项目，购置科学研究开发必要的先进设备及核心软件等。"中国上海低碳经济发展创新基地"由中国上海低碳经济研发中心、中国上海低碳经济技术产品展示中心、中国上海低碳产业孵化中心、中国上海碳排放交易中心、低碳生活示范区和生活服务中心等部分组成。以科学研究、市场开发、产业发展为主线，以低碳经济及产业的研究、产品市场推广、产业服务为发展方向，形成以科学研究为基础，市场为龙头，科研、生产、市场交易、创业孵化、低碳生活示范一体的完整的低碳经济产业链。

中国上海低碳经济创新基地是综合性项目，是科学发展观的实际体现，具有良好社会需求和市场需求，对于我国低碳产业和节能减排事业的发展将起到积极的推动作用，对地方经济建设也将起到很大的促进作用。

35. 河北保定作为低碳经济的实践者创下哪两个"低碳"第一？

河北保定作为低碳经济实践者，创下了两个"低碳"第一：

一是 2008 年 12 月 24 日，保定市政府向社会公布了《关于建设低碳城市的意见》，与此配套的《保定市低碳城市发展规划纲要（2008～2020 年）》（草稿）也由清华大学公共管理学院与保定市发改委联合制定完毕。这是首个以政府文件形式提出的促进低碳城市发展的文本，它标志着保定城市发展步入了以能源节约、新能源推广应用和碳排放降低为主要标志的低碳模式。

二是在河北省年初公布的 2008 年经济发展统计报告中，保定市的工业增加值增速和地方一般财政收入增速，双双第一次冲上河北第一的位置，其中以新能源为代表的低碳产业增速更是高达 40%。

36. 保定市打造新型低碳城市将启动哪些重点工程？

2008 年 12 月 24 日，保定市政府向社会公布了《保定市人民政府关于建设低碳城市的意见（试行）》。根据这份"路线图"，保定市将启动六项重点工程，打造新型低碳城市。

一、"中国电谷"建设工程

将用 10 年左右的时间，建设太阳能光伏发电、风电、高效节电、新型储能、电力电子器件、输变电和电力自动化等产业园区，建成国际化新能源及能源设备制造基地。

二、"太阳能之城"建设工程

将用 3 年左右的时间，在全市生产、生活等各个领域，基本实现太阳能的综合利用。

三、城市生态环境建设工程

力争用 3 年时间，全面取缔市区建成区内分散的热煤锅炉，加快实施城市区域集中供热，并逐步实现向卫星城集中供热。加快城市水系建设，对护城河和防洪堤进行开发改造；实施"绿荫行动"，到 2015 年，人均绿地面积达到 $13.5m^2$，绿地率达到 40%，绿化覆盖率达到 43%。

四、办公大楼低碳化运行示范工程

加快对各级政府办公大楼低碳化运行改造，更换节能灯、安装太阳能照明系统、推广电子政务、控制夜间照明、控制空调使用、建立办公大楼能源需求与使用管理系统。

五、低碳化社区示范工程

积极推广面向低碳化的社区规划手段、建筑技术和社区管理方式。2010 年前，开展低碳化社区试点，进行示范方案设计。2015 年前，低碳化社区建设规模力争达到现有社区的 50% 以上。

六、低碳化城市交通体系整合工程

在城市规划上，合理配置主城区和卫星城内部的城市就业、居住、公共服务和商业设施，减少不必要的交通需求。同时，加快都市区各组团之间快捷公共交通网络建设。到 2015 年，建立快速公交系统，建成市区内部及市区与卫星城之间快捷的交通网络。控制高耗油、高污染机动车发展。鼓励使用节能环保型车辆和新能源汽车、电动汽车。2012 年前，建设 12～15 个压缩天然气站，燃气公交车、出租车拥有量达到车辆总数的 20％以上。

37. 江西发布首个省级低碳经济发展纲要的内容是什么？

江西省政府发布国内首个低碳经济白皮书——《绿色崛起之路——江西省低碳经济社会发展纲要》，提出了江西建设低碳经济社会的指导思想、基本原则、目标等，目标之一是全面建立在低碳领域与国内外交流合作的平台，成为国际低碳经济交流合作中心。

目标：实现生产方式向低碳型转变

按照江西低碳经济发展《纲要》，到 2020 年，江西省产业、能源结构趋于合理，生产方式基本实现向低碳型转变，国际低碳经济交流合作中心地位得到确立。

布局：构建农工游"486842"产业群

对于江西低碳经济发展区域布局思路，提出在低碳经济区域布局方面，要发挥鄱阳湖生态经济区的龙头作用。《纲要》并提出建立三大低碳产业群，其中包括：建设以"四大生产区"和"八大生产基地"为核心的低碳农业产业群、建设以"六大发展区"和"八大工业基地"为核心的低碳工业产业群、建设发展以"四大功能区"和"两大精品线路"为核心的现代旅游产业群，即农工游"486842"产业群。同时，要发挥 11 个重点示范城市的带动作用，形成科学的城市低碳产业布局。

保障：低碳标准、制度和政策体系同步推进

为了确保低碳经济顺利发展，《纲要》首先提出要建立"低碳化"生产的标准，包括针对企业的环保设计标准、针对产品的能效和排放标准和针对新产品的市场准入标准。

同时，《纲要》提出要制定"低碳化"制度，主要包括企业产品全流程"低碳化"管理制度，并辅之以考核制度、奖励制度和问责制度。

此外，《纲要》提出要建立有利于低碳经济发展的政策体系，在吃、穿、用、住、行等领域，综合利用税收、价格、经济补偿等政策工具，引导"低碳化"消费方式，抑制"高碳化"消费。

38. 沈阳是怎样为全国发展低碳经济树立样板的？

沈阳力争用 5 年时间，把沈阳市建设成为在全国具有五大示范意义的环境建设样板城，在全国率先建成低碳城市。

生态工业示范城：打造 2～3 个资源消耗、节能环保水平与国际先进水平全面接轨的主导产业，建设 3 个国家级生态工业区，建成两个零排放工业园区。

静脉产业示范城：建立完备的废物回收利用和处理体系，建成一个有规模的静脉产业园。据悉，沈阳市环保局将于今年年底开始，在全市选择 50 个社区开展垃圾分类回收。

生态环境改善示范城：城市环境基础设施完善，农村地区环境基础设施形成体系，成为全国城市环境改善最快的城市。按照沈阳市确定的标准，城市污水处理率和生活垃圾处理率将达到 100％，农村地区达到 80％。

政府环境管理示范城：率先在全国形成循环经济和生态建设地方法律体系。

公众参与环境保护示范城：建成一大批绿色社区和绿色家庭，循环型社会观念深入人心并自觉践行。

39. 面对低碳经济，福建省是如何起步的？

提高能源利用率，实现节能减排，在福建已经铺开。工业城市泉州 2006～2008 年，万元 GDP 能耗累计下降 9.35％，完成省政府下达该市"十一五"节能目标的 62.33％，略高于时序进度。

在国家发改委公布的全国 31 个省（市）节能减排考核"成绩单"中，福建完成了"十一五"节能目标的 60.77％，位列节能减排完成进度的第一梯队。

福建各地加快了发展低碳经济的步伐，泉州首个风力发电场——惠安小岞风电场日前完成招投标，今后陆续还有几个风电场开建，成为发展低碳经济的诸多亮点之一。厦门市召开低碳城市总体规划专题报告会，并着手制定《厦门市建设低碳城市总体规划》。同时，泉州市委也召开常委扩大会议，提出探索从产业结构、能源结构调整入手，加大风能、太阳能、生物质能等可再生清洁能源的开发与利用，转变高碳经济发展模式。

40. 宁夏怎么为低碳经济开绿灯？

宁夏环保厅对绿色环保项目、发展低碳经济大开"绿灯"。截至 2009 年 3 月 18 日，仅 1 个月之内，环保厅共审批通过总计投资近 20.5 亿元的 5 个"绿色"项目。全部投运后，每年可节约标煤 14.518 万 t，减排二氧化硫约 189.32t、二氧化氮约 1259.9t、烟尘约 167.17t、二氧化碳排放量约 35.62 万 t。据悉，环保审批后，宁夏盐池哈纳斯能源有限公司麻黄山风电场大水坑项目哈纳斯一期 49.5MW 工程、宁夏盐池马斯特能源有限公司麻黄山风电场马斯特一期 49.5MW 工程、华电固原风电场月亮山项目一期 49.5MW 工程、宁夏太阳山风电场大唐一期 49.5MW 工程、宁夏青铜峡并网光伏电站中广核一期工程 5 个"绿色"项目即将开工建设。

41. "低碳经济与广东制造业发展"专题论坛的主要内容是什么？

2009 年 11 月 19 日至 20 日，广东省政府在广州白天鹅宾馆举办 2009 广东经济发展国际咨询会，11 月 20 日同时举办以"低碳经济与广东制造业发展"为主题的制造业专题论坛。

佟星副省长支持"低碳经济与广东制造业发展"专题论坛，洋顾问德国弗劳恩霍夫协会主席布凌格教授首先作"加强国际合作，最大限度地利用资源，减少温室气体排放，促进低碳经济制造业发展"的发言；广东省经济和信息化委员会毕志坚副主任介绍了广东制造业发展情况和广东制造业低碳发展的初步思路；洋顾问全球智能制造系统组织执行委员会主席伯乐教授作可持续发展新模式的发言；杜邦公司执行副总裁兼首席创新官唐乐年新生作开发可再生能源技术，提高能源利用效率的发言；西门子股份公司高级副总裁施奈德先生作发展低碳能源系统的发言；省内知名的企业家美的集团有限公司邓奕威副总裁、广东生益科技股份有限公司刘树峰、广东长青（集团）股份有限公司何启强董事长和佛山欧神诺陶瓷股份有限公司都大元总经理也分别就各自领域节能减排，发展低碳经济的做法进行发言。

会议指出，广东发展低碳经济，制造业是重点，只有实现了制造业的低碳化，广东低碳经济发展才有坚实的基础。必须突出四个重点：一要以加强国际合作和产业协作来加快技术研发创新，本土企业要积极走出去和引进来，主动吸收消化和自主创新，创造出具有自主知识产权的低碳产业技术；二要在政策引导和政府管理上，在当前节能减排政策基础上，尽快出台符合我国及广东省低碳经济发展路线图等实施原则和操作细则；三要从区域经济实情和优势出发先行先试，积极开展低碳试点示范，争取低碳经济在重点地区、重点行业取得率先突破；四要更新人们的生活观念和消费观念，形成绿色消费的生活氛围。

42. 首届世界低碳与生态经济大会暨技术博览会取得什么成果？

2009 年 11 月 17~23 日，首届世界低碳与生态经济大会暨技术博览会在江西南昌举行，大会发表了《南昌宣言》，号召在全球范围内大力发展低碳与生态经济。

江西省在本届大会上签约项目情况如下：

总体情况：本届大会共签约项目 143 个，项目总投资 1046.95 亿元。

央企投资：央企与江西签约项目投资总额占六成以上。江西省与 24 家央企签约 38 个合作项目，项目总投资达 639.1 亿元。

内外投资：合同外资 3000 万美元以上项目 12 个，内资 5 亿元以上项目 43 个，均体现低碳与生态经济显著特色。

产业招商：省重点推进的 14 个重点产业项目 99 个，占 69.23%；项目总投资 677.75 亿元，占 64.74%。

43. 为什么说"低碳风吹至'两会'，石头纸取代传统纸"？

低碳、环保理念正日益被中国民众所认同，就连被称为"年度政治盛宴"的全国"两会"，今年也刮起"低碳风"。今年"两会"筹备工作中，媒体必需的采访手册、大会提案等材料都采取无纸化网络下载模式分发，至于大会的文件袋、便笺纸等都已经使用由以碳酸钙为原料的"低碳石头纸"。

今年"两会"上普及使用由碳酸钙为主料的"低碳石头纸"。与传统的林木造纸相比，这纸不仅"手感舒服，柔软而坚韧"，更为重要的是，与传统造纸技术相比，石头纸新技术，是以地壳内最为丰富的矿产资源碳酸钙为主要原料，以高分子材料及多种无机物为辅助原料，利用高分子界面化学原理和填充改性技术，经特殊工艺加工而成的一种可逆性循环利用，具有现代技术特点的新技术。石头纸的生产过程中不需要水，也不产生废气、废水及其他有害废弃物。此外还可降解、回收再利用、防水防潮、书写性好、印刷性好、清晰度高等特点。其"低碳"特点明显，而且价格低廉可行，可替代60％左右的木浆、草浆造纸。

石头纸产品应用领域极其广泛，可应用于一次性生活消耗用品，也可应用于文化用纸、建材装饰、工业包装、特殊用纸等领域。可以说应用领域非常广泛，而且随着石头造纸技术的不断成熟和升级，应用领域还将更大。石头纸产品的成本比可替代产品低20％～30％，有着极强的竞争力，市场前景非常看好。石头纸技术的发明及其产品的应用，改变了以往要环保就要付出高昂代价的模式。

作为还未上市的石头纸已以便笺纸、文件袋等形式在今年"两会"上首次露面。有关专家表示，全国"两会"上使用低碳纸，不仅表明了中国政府强力推行低碳经济的决心，更为节能减排作出表率。

第四章　国内低碳经济相关政策与规定

44.《中国应对气候变化国家方案》具体通过什么方式来控制温室气体排放？

2007 年 6 月 6 日，中国制定了自己的气候发展战略——《中国应对气候变化国家方案》。

中国应对气候变化的总体目标是：控制温室气体排放取得明显成效，适应气候变化的能力不断增强，气候变化相关的科技与研究水平取得新的进展，公众的气候变化意识得到较大提高，气候变化领域的机构和体制建设得到进一步加强。为控制温室气体排放，具体实施方式如下：

一、通过加快转变经济增长方式，强化能源节约和高效利用的政策导向，加大依法实施节能管理的力度，加快节能技术开发、示范和推广，充分发挥以市场为基础的节能新机制，提高全社会的节能意识，加快建设资源节约型社会，努力减缓温室气体排放。到 2010 年，实现单位国内生产总值能源消耗比 2005 年降低 20％左右，相应减缓二氧化碳排放。

二、通过大力发展可再生能源，积极推进核电建设，加快煤层气开发利用等措施，优化能源消费结构。到 2010 年，力争使可再生能源开发利用总量（包括大水电）在一次能源供应结构中的比重提高到 10％左右。煤层气抽采量达到 100 亿 m^3。

三、通过强化冶金、建材、化工等产业政策，发展循环经济，提高资源利用率，加强氧化亚氮排放治理等措施，控制工业生产过程的温室气体排放。到 2010 年，力争使工业生产过程的氧化亚氮排放稳定在 2005 年的水平上。

四、通过继续推广低排放的高产水稻品种和半旱式栽培技术，采用科学灌溉技术，研究开发优良反刍动物品种技术和规模化饲养管理技术，加强对动物粪便、废水和固体废弃物的管理，加大沼气利用力度等措施，努力控制甲烷排放增长速度。

五、通过继续实施植树造林、退耕还林还草、天然林资源保护、农田基本建设等政策措施和重点工程建设，到 2010 年，努力实现森林覆盖率达到 20%，力争实现碳汇数量比 2005 年增加约 0.5 亿 t 二氧化碳。

45.《气候变化国家评估报告》的总体思路是什么？

2006 年 12 月 26 日，科技部、中国气象局、中国科学院等六部门推出《气候变化国家评估报告》，指出中国减缓气候变化的总体思路是：在保证中国到 2020 年全面建设小康社会、基本实现工业化以及到本世纪中叶基本实现现代化的社会主义发展目标的前提下，采取转变经济增长模式和社会消费模式，发展并推广先进节能技术，提高能源利用效率，积极发展可再生能源技术和先进核能技术，以及高效、洁净、低碳排放的煤炭利用技术和氢能技术，优化能源结构，保护生态环境等措施，走"低碳经济"的发展道路，并逐步建立减缓气候变化的制度和机制，以减少二氧化碳等温室气体的排放。

46. 全国人大常委会在积极应对气候变化时作出怎样的决议？

全国人大常委会于 2009 年 8 月表决通过《关于积极应对气候变化的决议（草案）》，《决议》要求"立足国情发展绿色经济、低碳经济"。要紧紧抓住当今世界开始重视发展低碳经济的机遇，加快发展高碳能源低碳化利用和低碳产业，建设低碳型工业、建筑和交通体系，大力发展清洁能源汽车、轨道交通，创造以低碳排放为特征的新的经济增长点，促进经济发展模式向高能效、低能耗、低排放模式转型，为实现我国经济社会可持续发展提供新的不竭动力；研发和应用节能和提高能效、洁净煤、可再生能源、核能及相关低碳等技术；要把积极应对气候变化作为实现可持续发展战略的长期任务纳入国民经济和社会发展规划，明确目标、任务和要求。这是我国最高立法机构首次就应对气候变化问题作出决议。

47. 国务院批转低碳经济统计监测及考核实施方案和办法的通知其主要内容有哪些?

国务院同意发展改革委、统计局和环保总局分别会同有关部门制订的《单位 GDP 能耗统计指标体系实施方案》、《单位 GDP 能耗监测体系实施方案》、《单位 GDP 能耗考核体系实施方案》（以下称"三个方案"）和《主要污染物总量减排统计办法》、《主要污染物总量减排监测办法》、《主要污染物总量减排考核办法》（以下称"三个办法"），现转发给各省、自治区、直辖市人民政府，国务院各部委、各直属机构，结合本地区、本部门实际，认真贯彻执行。

一、充分认识建立节能减排统计、监测和考核体系的重要性和紧迫性。到 2010 年，单位 GDP 能耗降低 20% 左右、主要污染物排放总量减少 10%，是国家"十一五"规划纲要提出的重要约束性指标。建立科学、完整、统一的节能减排统计、监测和考核体系（以下称"三个体系"），并将能耗降低和污染减排完成情况纳入各地经济社会发展综合评价体系，作为政府领导干部综合考核评价和企业负责人业绩考核的重要内容，实行严格的问责制，是强化政府和企业责任，确保实现"十一五"节能减排目标的重要基础和制度保障。各地区、各部门要从深入贯彻落实科学发展观，加快转变经济发展方式，促进国民经济又好又快发展的高度，充分认识建立"三个体系"的重要性和紧迫性，按照"三个方案"和"三个办法"的要求，全面扎实推进"三个体系"的建设。

二、切实做好节能减排统计、监测和考核各项工作。要逐步建立和完善国家节能减排统计制度，按规定做好各项能源和污染物指标统计、监测，按时报送数据。要对节能减排各项数据进行质量控制，加强统计执法检查和巡查，确保各项数据的真实、准确。严肃查处节能减排考核工作中的弄虚作假行为，严禁随意修改统计数据，杜绝谎报、瞒报，确保考核工作的客观性、公正性和严肃性。要严格节能减排考核工作纪律，对列入考核范围的节能减排指标，未经统计局和环保总局审定，不得自行公布和使用。要对各地和重点企业能耗及主要污染物减排目标完成情况、"三个体系"建设情况以及节能减排措施落实情况进行考核，严格执行问责制。

三、加强领导，密切协作，形成全社会共同参与节能减排的工作合力。各地区、各有关部门要把"三个体系"建设摆上重要议事日程，明确任务，落实责任，周密部署，科学组织，尽快建立并发挥"三个体系"的作用。地方各级人民政府要对本地区"三个体系"建设负总责，加强基础能力建设，保证资金、人员到位和各项措施落实，加强本地区节能减排目标责任的评价考核和监督核查工作。国务院各有关部门要根据职能分工，认真履行职责，密切协作配合，抓紧制定配套政策。发展改革委、统计局和环保总局要加强指导和监督，跟踪掌握动态，协调解决工作中出现的问题。要充分调动有关协会和企业的积极性，明确责任义务，加强监督检查。要广泛宣传动员，充分发挥舆论监督作用，努力营造全社会关注、支持、参与、监督节能减排工作的良好氛围。

48. 十一五期间节能减排的目标是什么？

到 2010 年，中国万元国内生产总值能耗将由 2005 年的 1.22t 标准煤下降到 1t 标准煤以下，降低 20％左右；单位工业增加值用水量降低 30％。"十一五"期间，中国主要污染物排放总量减少 10％，到 2010 年，二氧化硫排放量由 2005 年的 2549 万 t 减少到 2295 万 t，化学需氧量（COD）由 1414 万 t 减少到 1273 万 t；全国设市城市污水处理率不低于 70％，工业固体废物综合利用率达到 60％以上。

49. 低碳经济时代的新能源政策走向如何？

新能源又称非常规能源。是指传统能源之外的各种能源形式，指刚开始开发利用或正在积极研究、有待推广的能源，如太阳能、地热能、风能、海洋能、生物质能和核聚变能等。

国家工商总局日前发布名为《关于深入贯彻落实科学发展观积极促进经济发展方式加快转变的若干意见》的文件，对投资新能源、节能环保、新材料、新医药、生物育种、信息网络、新能源汽车等战略性新兴产业的公司给予多项措施支持。

2010年4月1日，《可再生能源法》（修正案）开始正式实施，备受关注的"对可再生能源所发电力全额保障收购"将进入实质操作阶段。

财政部与住房和城乡建设部在2009年3月联合推出一项国家补贴计划，用于推动太阳能光伏建筑一体化技术（B. I. P. V.）的使用以及在农村和偏远地区安装屋顶太阳能系统。由于第一次太阳能补贴计划的成功效应，财政部在7月推出其第二次国家太阳能补贴计划，称之为"金太阳工程"，目的是通过这项计划在随后的2到3年推动500MW太阳能试验项目的开发。

自2005年起，我国的核电政策由"适度发展"变为"积极发展"，核电发展迎来了又一个春天。特别是党中央、国务院把发展核电作为应对气候变化的重大举措，列入了大力培育的战略性新兴产业，为我国核电的长远发展提供了有力的政策保障。

50. 温家宝总理在2010年的《政府工作报告》中提到打好节能减排攻坚战和持久战的主要内容是什么？

温家宝总理在2010年的《政府工作报告》中提到打好节能减排攻坚战和持久战的主要内容有以下四个方面：一要以工业、交通、建筑为重点，大力推进节能，提高能源效率。扎实推进十大重点节能工程、千家企业节能行动和节能产品惠民工程，形成全社会节能的良好风尚。今年要新增8000万t标准煤的节能能力。所有燃煤机组都要加快建设并运行烟气脱硫设施；二要加强环境保护。积极推进重点流域区域环境治理及城镇污水垃圾处理、农业面源污染治理、重金属污染综合整治等工作。新增城镇污水日处理能力 1500 万 m^3、垃圾日处理能力 6 万 t；三要积极发展循环经济和节能环保产业。支持循环经济技术研发、示范推广和能力建设。抓好节能、节水、节地、节材工作。推进矿产资源综合利用、工业废物回收利用、余热余压发电和生活垃圾资源化利用。合理开发利用和保护海洋资源；四要积极应对气候变化。加强适应和减缓气候变化的能力建设。大力开发低碳技术，推广高效节能技术，积极发展新能源和可再生能源，加强智能电网建设。加快国土绿化进程，增加森林碳汇，新增造林面积不低于 592 万 hm^2。要努力建设以低碳排放为特征的产业体系和消费模式，积极参与应对气候变化国际合作，推动全球应对气候变化取得新进展。

51. 为了实现向国际社会承诺的减排目标，主要采取哪些政策和措施？

为了实现向国际社会承诺的减排目标，主要采取以下政策和措施：

1. 应对气候变化工作要立足于科学发展，立足于加强生态文明建设，统筹经济发展和环境保护，统筹国内和国际两个大局，统筹现实需要和长远利益，要把应对气候变化作为国家经济发展的重大战略；

2. 大力发展新能源和可再生能源，到 2020 年我国非化石能源占一次能源消费的比重达到 15％左右。加强对节能、提高能效、洁净煤、可再生能源、先进核能、碳捕集利用与封存等低碳和零碳技术的研发与产业化的投入，加快建设以低碳为特征的工业、建筑业和交通体系；

3. 加快生态文明建设。通过植树造林和加强森林管理，森林面积到 2020 年将比 2005 年增加 4000 万 hm^2，森林蓄积量比 2005 年增加 13 亿 m^3。这是我国根据国情采取的自主行动，是应对全球气候变化做出的巨大努力；

4. 制定配套的法律法规和标准，完善财政、税收、价格、金融等政策措施，健全管理体系和监督机制；

5. 加强国际合作，有效引进、消化、吸收国外先进的低碳和气候友好技术，提高我国应对气候变化的科技水平和能力；

6. 增强全社会应对气候变化的意识，加快形成低碳绿色的生活方式和消费模式。

52. 中国在低碳经济之路上，其4万亿投资的去向如何？

2008 年 11 月 5 日，温家宝总理主持召开国务院常务会议，确定了当前进一步扩大内需、促进经济增长的十项措施。会议指出，经初步匡算，实施这十项措施所涉及的工程建设，到 2010 年底约需投资 4 万亿元。

"4万亿"投资方向及额度分配 表3

投资领域	投资额（亿元）	所占比重（%）
保障性民生安居工程	4000	10
农村民生工程和农村基础设施	3700	9.25
铁路、公路、机场、城乡电网	15000	37.5
医疗卫生、文化教育等社会事业	1500	3.75
节能减排和生态环境工程	2100	5.25
结构调整与技术改造	3700	9.25
汶川大地震灾后恢复重建	10000	25

从表 3 中的数据显示，4 万亿元投资中，15000 亿元将用于铁路、公路、机场、城乡电网等重大基础设施建设和城市电网改造。作为一个发展中的大国，为确保经济的高增长态势，以基础设施建设为代表的重工业建设是我国现在乃至以后几十年内发展的着力点。换言之，这种高碳经济发展模式短期内还将延续。能源问题这一直以来存在的忧患，将进一步凸现出来。

53. 《国务院关于进一步加强淘汰落后产能工作的通知》颁布哪些相关内容？

根据中国政府网 4 月 6 日公布的《国务院关于进一步加强淘

汰落后产能工作的通知》，我国近期将进一步发挥市场配置资源的基础性作用，充分发挥法律法规的约束作用和技术标准的门槛作用，在电力、煤炭、钢铁、水泥、有色金属、焦炭、造纸、制革、印染等行业淘汰落后产能。

根据《通知》，2010 年底前，我国电力行业将淘汰小火电机组 5000 万 kW 以上；煤炭行业将关闭不具备安全生产条件、不符合产业政策、浪费资源、污染环境的小煤矿 8000 处，淘汰产能 2 亿 t；焦炭行业淘汰炭化室高度 4.3m 以下的小机焦（3.2m 及以上捣固焦炉除外）等。

此外，2010 年底前，我国铁合金行业将淘汰 6300kV·A 以下矿热炉；电石行业将淘汰 6300kV·A 以下矿热炉。钢铁行业在 2011 年底前淘汰 400m³ 及以下炼铁高炉，淘汰 30t 及以下炼钢转炉、电炉。

《通知》还分别明确了有色金属行业、轻工业、纺织行业 2011 年底前和建材行业 2012 年底前淘汰落后产能的任务。

《通知》要求工业和信息化部、能源局根据当前和今后一个时期经济发展形势以及国务院确定的淘汰落后产能阶段性目标任务，结合产业升级要求及各地区实际，协商有关部门提出分行业的淘汰落后产能年度目标任务和实施方案，并将年度目标任务分解落实到各省、自治区、直辖市。

为完成上述目标，《通知》明确了国务院有关部门、各地政府、企业以及相关行业协会的责任和任务，要求采取严格市场准入、强化经济和法律手段、加大执法处罚力度。

《通知》还要求加强财政资金的引导作用，做好相关企业职工安置工作，支持有关企业的升级改造，加强舆论和社会监督，加强监督检查，实行问责制，对瞒报、谎报淘汰落后产能进展情况或整改不到位的地区，依法依纪追究该地区有关责任人员的责任。

根据《通知》，国家将成立由工业和信息化部牵头，发展改革委、监察部、财政部、人力资源和社会保障部、国土资源部、环境保护部等近 20 个政府部门参加的淘汰落后产能工作部际协调小组，统筹协调淘汰落后产能工作，研究解决淘汰落后产能工作中的重大问题，根据"十二五"规划研究提出下一步淘汰落后产能目标并做好任务分解和组织落实工作。

54. 低碳经济时代，落后产能受到哪三大政策约束？

在政策约束方面，首先，国家将严格市场准入，将尽快修订产业结构调整指导目录，制定和完善相关行业准入条件和落后产能界定标准；加强投资项目审核管理，尽快修订《政府核准的投资项目目录》，对产能过剩行业坚持新增产能与淘汰产能"等量置换"或"减量置换"的原则；改善土地利用计划调控，严禁向落后产能和产能严重过剩行业建设项目提供土地。

第二，充分发挥差别电价、资源性产品价格改革等价格机制在淘汰落后产能中的作用，落实和完善资源及环境保护税费制度，强化税收对节能减排的调控功能。加强环境保护监督性监测、减排核查和执法检查，加强对企业执行产品质量标准、能耗限额标准和安全生产规定的监督检查，提高落后产能企业和项目使用能源、资源、环境、土地的成本。

第三，加大执法处罚力度。对未按期完成淘汰落后产能任务的地区，严格控制国家安排的投资项目，实行项目"区域限批"，暂停对该地区项目的环评、核准和审批。对未按规定期限淘汰落后产能的企业吊销排污许可证，银行业金融机构不得提供任何形式的新增授信支持，投资管理部门不予审批和核准新的投资项目，国土资源管理部门不予批准新增用地，相关管理部门不予办理生产许可，已颁发生产许可证、安全生产许可证的要依法撤回。

55. 北京市是怎样推广低碳建设的？

一批能耗高、安全性能差、不符合"低碳"理念的建筑材料将逐渐被清除出北京市场。2010 年 3 月 15 日，市住房城乡建设委员会公布了新版《北京市推广、限制、禁止使用的建筑材料目录》草案（以下简称"目录草案"），向社会公开征求意见。新版草案中第一次列入禁止或限制使用，以及扩大禁止或限制使用范围的建筑材料达 28 种。

据介绍，目录草案中包括禁止类产品 38 个（其中首次列入禁止目录或从限制改为禁止的产品 13 个），限制类产品 46 个（其中首次列入限制目录或扩大限制范围的产品 15 个），推广类产品 42 个。新版本第一次出台或加大淘汰力度的 28 个，比前 5 批平均每批 12.6 个增加了一倍多。对于生产过程毁坏耕地、污染环境的黏土砖、生产过程破坏耕地和植被的黏土和页岩陶粒及以黏土和页岩陶粒为原料的建材制品以及可能危害人体健康的以角闪石石棉（即蓝石棉）为原料的石棉瓦等一批能耗高、安全性能低的建筑材料，目录草案中明确将其列入了禁止使用的范围，其中，只有开关动作、不能实现自动调节功能的一种温控阀和能耗高、温度高、光效低、寿命短、安全性差的几种灯具等一批建筑配套设施及装饰装修材料，也被列入了禁止使用的范围。

此外，对于泡沫混凝土、再生骨料、透水砖等一批能耗低、无污染、有利于提升城市建筑品质、节约资源、保护地下水质的建筑材料，被目录草案列为推广类。公示收集相关意见并汇总后，市住建委将采取措施在城市建设中大力推广"低碳"建材。

这一草案的管理措施对于规范本市建筑材料市场、保证和提高建设工程质量、促进建筑业和建材业进步发挥了重要作用。

56. 广东为发展低碳经济采取了哪 5 项举措？

一是规划引导。广东准备制订应对气候的行动计划，争取把这个计划跟"十二五"规划的制订一起考虑；二是政策支持。广东要制定关于发展低碳经济的政策支持，政策要有支持力度，低碳经济才能发展起来；三是争取在一些重点领域有新的突破。比如发展低碳产业，像现代服务业、高新技术产业往往都是低碳。另外，大力发展低碳能源，像核电、天然气；还要植树造林，增加森林碳，要搞生态建设，大气污染治理，在重点领域争取有新突破；四是要加强国际的交流与合作；五是营造发展低碳经济的良好氛围，积极倡导低碳生活方式。广东今后还要搞低碳经济试点。

57. 国家对"太阳能屋顶计划"实施什么财政扶持政策？

各级建设主管部门要切实履行职责，把太阳能光电建筑应用作为建筑节能工作的重要内容，完善技术标准，推进科技进步，加强能力建设，逐步提高太阳能光电建筑应用水平。

1. 完善技术标准。各级建设主管部门要大力推动建筑领域中有关太阳能光电技术应用的国家相关技术标准的贯彻和执行，并结合本地实际，积极研究制定太阳能光电技术在建筑领域应用的设计、施工、验收标准、规程及工法、图集，促进太阳能光电技术在建筑领域应用实现一体化、规范化。各光电企业也要制定本单位产品在建筑领域应用的企业标准，提高应用水平。

2. 加强质量管理。各地建设主管部门要加强对太阳能光电技术应用项目的质量管理，在项目建设过程中，依据国家法律法规和工程强制性标准加强监督检查和指导，对不符合现行有关标准或不能实现项目预期节能目标的要责令改正。

3. 加强光电建筑一体化应用技术能力建设。各级建设主管部门要充分依托相关机构，做好光电建筑应用示范项目的技术支撑工作；要积极为光电生产企业、设计单位、施工企业提供公共服务，整合各方面力量，推动太阳能光电生产、设计、施工三者有效结合，提高光电建筑一体化应用能力。

各地应建立推进太阳能光电技术在建筑领域应用的工作协调机制，切实加强对推进光电建筑应用工作的领导。财政、建设等相关部门要加强组织领导和统筹协调，依托现有的建筑节能机构，由专门人员具体负责，抓紧制订光电建筑应用实施规划以及具体实施方案，协调项目实施工作，解决推进工作中的问题，及时总结经验进行推广。

第五章　各行各业中的低碳经济措施与进展

58. 什么是低碳产业?

低碳产业是以低能耗低污染为基础的产业。低碳产业的发展着重从七个方面实现。一是低碳能源产业,低碳能源主要有两大类:一类是清洁能源,如核电、天然气等;一类是可再生能源,如风能、太阳能、生物质能等。二是低碳交通产业,积极发展新能源汽车。三是低碳建筑产业,重点推广太阳能建筑和节能建筑。四是低碳农业,主要强调植树造林、节水农业、有机农业等方面。五是低碳工业,主要是发展节能工业,重视绿色制造,鼓励循环经济。六是低碳服务产业,着力发展绿色服务、低碳物流和智能信息化。七是低碳消费产业,推广绿色包装、消费产品的回收再利用。

59. 2010 年全国工业低碳经济确定四项工作重点是什么?

2010 年我国将把节能减排降耗和减排治污作为调整产业结构和转变发展方式的重要举措,将重点推进投资项目节能减排评估、制订重点行业节能减排指导意见、行业能效对标达标、企业节能减排管理和目标责任评价考核等四方面工作。

建立工业固定资产投资项目节能减排评估和审查制度,是从源头把好新上工业项目能耗入口关,抑制高耗能、高污染行业过快增长的根本措施。制订出台重点行业节能减排指导意见,将通过规划引导、技术标准制定、节能减排技术改造示范工程、加强监管等方式,强化对行业节能减排工作的具体指导,提升重点行业节能减排降耗水平。推进行业能效对标达标工作,将使重点用能行业、企业能效水平对标达标得到实质性推进。2010 年我国将落实重点行业工业产品能耗限额标准,培育一批行业先进标杆和典型。企业是工业生产活动的主体，也是减少资源消耗、废弃物产生和污染排放的责任主体，工业企业节能减排管理和目标责任评价考核体系的建立，将把目标任务直接落实到企业。

60. 碳金融作为金融体系应对气候变化的重要环节，其主要价值体现在哪些方面？

第一，促进企业履行"节能减排"责任。通过碳金融的相关工具及制度，可以实现对企业履行社会责任的监督和约束，带动"低碳经济"的发展。首先，银行信贷作为间接融资，是支持"低碳经济"发展的重要方式之一，在贷款的审批上，在对企业的固定资产进行抵押的基础上，还要考虑按照该企业碳减排量进行授信，同时，将项目所实现的碳减排额（CERs）作为还款来源，从而实现对企业承担"环保责任"的软约束。其次，在直接融资方式上，可以将耗能和碳排放量标准作为企业发放债券或公司上市必须达到的强制性指标之一，以此形成对企业履行"节能减排"责任的硬约束。

第二，增强向"低碳"项目"输血"的功能。随着城市环保规模的不断扩大和节能减排工作的快速发展，金融机构对低碳技术项目的支持已不能满足"低碳"建设的资金需求，必须拓展融资领域和渠道，动员 CDM 项目融资、风险投资和私募基金等多元化融资方式的金融资源能力。碳交易特别是 CDM，为引进或外投资提供了一种新的渠道，不但降低了发达国家的减排成本，同时可以促进减排技术和资金向发展中国家转移，从而确保"低碳经济"发展有充足的"血液"。据统计，截至去年 11 月 25 日，中国已获得核发 CERs1.69 亿 t，以现货价格为 11 欧元/t 左右计算，每年能为中国提供大约 18.6 亿欧元的资金，这些资金对解决"低碳"转型过程中资金约束的问题有着重要的现实意义。

第三，推动"低碳"产业结构的优化升级。碳金融的发展与成熟加快了清洁能源、碳素产业的低碳化升级改造和减排技术的研发及产业化，增强了企业对减排目标约束的适应能力，减少了经济发展对碳素能源的过度依赖，提升了可持续能源发展的能力，使能源链从"高碳"环节向"低碳"环节转移。从而依托商业银行、信托基金等国内金融机构和国际金融机构之间联动、互动的碳金融机制，更好地引导投资趋势，通过投资倾向和流动加快技术创新，推进产业结构优化升级和转变经济发展方式。

61. 石油化工产业节能减排的形势如何？

石油化工产业是国民经济的支柱产业，但同时也是高能耗和容易产生污染的产业。目前全行业的节能正面临着严峻挑战。首先，石油和化工业能源年消费量大，占我国年消费总量的15%左右，且该行业一般产品的能源费用为20%～30%，高耗能产品能源费用甚至高达60%～70%。其次，由于能源供求矛盾突出，能源价格上涨导致成本上升。另外，部分企业片面追求增长速度和规模扩张，传统经济增长方式的观念还没有彻底转变。目前，石油和化学工业能耗水平在我国各耗能行业中位居第五，其重要原因是技术能力不足。

目前，我国部分重点耗能产品由于原料或工艺路线的改进，其能耗水平已经达到或接近国际先进水平，如以天然气为原料的大型合成氨厂生产的合成氨、离子膜法烧碱、大型密闭式电石炉生产装置、大型黄磷等。总体来说，全行业主要耗能产品的能耗水平与国外先进水平的差距正在逐步缩小。

另外由于国家政策的刺激，石油化工行业节能减排领域增长趋势明显。

62. 我国智能电网的现状如何？

我国的智能电网尚处于初期，未来5～10年内智能电网的高速建设将给国内的电力设备制造企业带来广阔的市场空间，那些拥有研发实力和核心技术的行业龙头将在智能电网建设中全面受益。智能电网的核心特征就是节能、安全、低排放。智能电网建设将是中国电网未来十年发展的主要方向，这是继新能源汽车之后，又一重量级新兴产业规划。国家电网公司将分三个阶段推进坚强智能电网的建设。在三个阶段里总投资预计将超过 4 万亿。第一阶段（2009～2010 年）预计投资 5500 亿元；第二阶段（2011～2015 年）预计投资 2 万亿元，其中特高压电网投资 3000亿元；第三阶段（2016～2020 年）预计投资 1.7 万亿元，其中特高压投资 2500 亿元。

63. 低碳经济时代的电力行业的现状与发展是什么？

我国电力行业是一个典型依赖煤炭生存的行业，每年开发的煤炭有近一半用于发电，这也意味着通过燃烧煤炭排放的二氧化碳，有一半来自于电力行业，电力行业在我国绝对属于一个高碳占统治地位的行业。而全国 70% 的能源来自于煤炭，如果按照现有的火电比例推算，全国至少四分之一的二氧化碳排放来自于电力行业。

发电前景最好的是太阳能、其次是核能、风能，再次为生物质能。太阳能发电又以光伏发电技术为优，不需水资源，安装后基本上免维护。

"低碳电力＝综合资源战略规划（清洁发电＋能效电厂）＋智能电网。能效电厂就是实施电力需求侧管理，开发、调度需方资源所形成的能力，是指导用户科学用电、合理用电、节约用电，智能电网的内涵又包括智能输电网和智能配电网等"。在这个链条上，智能电网所发挥的作用巨大，由智能电网带动的相关设备厂商必然受到更多关注。

紧紧围绕掌握核心技术与关键设备自主制造能力这一主线，稳步提升陆地风电规模，逐步推广大型先进压水堆和高温气冷堆核电，促进大型光伏电站由工程示范阶段向推广阶段转变，积极推动海上风电、纤维素燃料乙醇、车用电池系统等示范工程的建设，力争 2030 年在能源系统发挥一定替代作用，2050 年成为我国能源体系中的重要组成部分。电力设备制造业作为基础性产业在整个能源战略规划中起着重要的作用，日后大有可为。

向低碳经济转型，带来了一连串的共振效应，从能源产业的调整到电力行业的节能减排，从电力行业的节能减排再到电力设备的技术进步，在低碳经济机遇面前，电力设备行业的地位也日趋凸显。

64. 什么是新能源汽车？我国新能源汽车发展前景如何？

按照发改委公告定义，新能源汽车是指采用非常规的车用燃料作为动力来源（或使用常规的车用燃料、采用新型车载动力装置），综合车辆的动力控制和驱动方面的先进技术，形成的技术原理先进，具有新技术、新结构的汽车。新能源汽车包括五大类型：混合动力电动汽车（HEV）、纯电动汽车（BEV，包括太阳能汽车）、燃料电池电动汽车（FCEV）、氢发动机汽车、其他新能源（如超级电容器、飞轮等高效储能器）汽车等。非常规的车用燃料指除汽油、柴油、天然气（NG）、液化石油气（LPG）、乙醇汽油（EG）、甲醇、二甲醚之外的燃料。

在能源和环保的压力下，新能源汽车无疑将成为未来汽车的发展方向。如果新能源汽车得到快速发展，以2020年中国汽车保有量1.4亿辆计算，可以节约石油3229万t，替代石油3110万t，节约和替代石油共6339万t，相当于将汽车用油需求削减22.7%。2020年以前节约和替代石油主要依靠发展先进柴油车、混合动力汽车等实现。到2030年，新能源汽车的发展将节约石油7306万t，替代石油9100万t，节约和替代石油共16406万t，相当于将汽车石油需求削减41%。届时，生物燃料、燃料电池在汽车石油替代中将发挥重要的作用。

结合中国的能源资源状况和国际汽车技术的发展趋势，预计到2025年后，中国普通汽油车占乘用车的保有量将仅占50%左右，而先进柴油车、燃气汽车、生物燃料汽车等新能源汽车将迅猛发展。

65. 中国新能源汽车发展战略是怎样的？

2009年3月20日，国务院出台的《汽车产业调整和振兴规划》对外正式发布，《规划》中提出汽车工业发展的四项原则和未来三年内中国新能源汽车的发展战略。其未来三年内新能源汽车的发展战略为：

1. 汽车产销实现稳定增长。2009 年汽车产销量力争超过 1000 万辆，三年平均增长率达到 10%。

2. 汽车消费环境明显改善。建立完整的汽车消费政策法规框架体系、科学合理的汽车税费制度、现代化的汽车服务体系和智能交通管理系统，建立电动汽车基础设施配套体系，为汽车市场稳定发展提供保障。

3. 市场需求结构得到优化。1.5L 以下排量乘用车市场份额达到 40% 以上，其中 1.0L 以下小排量车市场份额达到 15% 以上。重型货车占载货车的比例达到 25% 以上。

4. 兼并重组取得重大进展。通过兼并重组，形成 2～3 家产销规模超过 200 万辆的大型汽车企业集团，4～5 家产销规模超过 100 万辆的汽车企业集团，产销规模占市场份额 90% 以上的汽车企业集团数量由目前的 14 家减少到 10 家以内。

5. 自主品牌汽车市场比例扩大。自主品牌乘用车国内市场份额超过 40%，其中轿车超过 30%。自主品牌汽车出口占产销量的比例接近 10%。

6. 电动汽车产销形成规模。改造现有生产能力，形成 50 万辆纯电动、充电式混合动力和普通型混合动力等新能源汽车产能，新能源汽车销量占乘用车销售总量的 5% 左右。主要乘用车生产企业应具有通过认证的新能源汽车产品。

7. 整车研发水平大幅提高。自主研发整车产品尤其是小排量轿车的节能、环保和安全指标力争达到国际先进水平。主要轿车产品满足发达国家法规要求，重型货车、大型客车的安全性和舒适性接近国际水平，新能源汽车整体技术达到国际先进水平。

8. 关键零部件技术实现自主化。发动机、变速器、转向系统、制动系统、传动系统、悬挂系统、汽车总线控制系统中的关键零部件技术实现自主化，新能源汽车专用零部件技术达到国际先进水平。

66.《新兴能源产业规划》中，煤炭的清洁高效利用是怎么被重视的？

清洁煤发电和清洁煤利用方面，在《新兴能源产业规划》中，煤炭的清洁高效利用将被提到重要的地位。在目前新能源占比很小的情况下，旧有模式的改造起更大作用。目前中国的煤炭利用效率较低，煤矸石的利用率只有44.3％，大量煤矸石占据土地，污染环境；在减排领域，在火电领域采用IGCC技术，二氧化碳排放量将将可达到普通燃煤电站的1/10。不过，洁净用煤三个值得投资的领域主要股票均价格高、估值远超市场平均水平，目前仍缺乏好的投资时机。

67. 电煤行业怎样节能减排，发展低碳经济？

发改委的《指导意见》指出，煤炭价格实行市场定价，由电煤双方协商确定，进一步完善反映市场供求关系、资源稀缺程度和环境损害成本的煤炭价格形成机制，积极稳妥推进电力市场化改革，在有条件的地区推行竞争确定电价的机制。

电煤价格的市场化有助于推动新能源产业发展和减少碳排放量，对我国低碳经济发展有促进作用。煤价在合理范围内的上涨既是市场化的反映，也符合未来的发展战略。

68. 水行业是怎么低碳的？

在低碳经济发展大趋势下，水行业加大节能减排力度也责无旁贷！而节能减排，控制污染为国家低碳经济发展作贡献的同时，也同时实现了水企竞争力的加强，以及水行业健康持续的发展，故此选择"低碳"是大势所趋！水行业的低碳行动将分为以下三个方面：

首先选择可持续发展的污水处理技术，坚持可持续发展污水处理准则，采用集中与分散处理相结合，以"源分离"为基本理念，厌氧生物技术作为可持续发展的核心技术，实现可持续发展的污水治理。

其次利用污水处理厂的节能途径，通过水泵节能、暖气系统的节能、污泥脱水的节能、供配电系统的节电的途径来减少资源浪费，从而实现污水处理的节能降耗。

第三，完善水系统健康循环理论。要求城市大力节制用水，实现城市污水的再生再利用和再循环，规划城市中水系统，最终使水行业朝着低碳大趋势的方向发展。

69. 全国"两会"对"低碳经济"中的资源回收利用的关注如何？

今年的全国"两会"对"低碳经济"中的资源回收利用表示了特别的关注，尤其是建筑垃圾、尾矿资源、粉煤灰、煤矸石等资源的回收利用，将会作为中央"十二五"计划经济中的重点进行全面普及。由于建筑垃圾、尾矿资源、粉煤灰被加入低碳系列，因此连带的加工设备：破碎机、制砂机、磨粉机等设备也要建立相应低碳模式。

将建筑垃圾、尾矿资源、粉煤灰、煤矸石变成绿色能源，是国家乃至全世界看重的重点环保推广项目，不仅符合走资源节约型环境友好型的可持续发展道路，而且到达了"两会"倡导的走低碳减排的政策要求。据报道，我国每年约产生3亿多吨建筑垃圾，巨量的建筑垃圾占用大量土地，严重污染境。严重制约了经济又好又快的发展之路。因此实现建筑垃圾资源化、减量化、无害化意义重大，可节省填埋费用及大量填埋用地，减少对环境的污染，减少对天然砂石的开采，保护了自然资源和人类生存环境，符合可持续发展战略。

70. 如何使建筑垃圾资源化？

我国建筑垃圾的数量已占到城市垃圾总量的 30%～40%。据对砖混结构、全现浇结构和框架结构等建筑的施工材料损耗的粗略统计，在每万平方米建筑的施工过程中，仅建筑垃圾就会产生 500～600t；而每万平方米拆除的旧建筑，将产生 7000～12000t 建筑垃圾，而中国每年拆毁的老建筑占建筑总量的 40％。因此，建筑垃圾的使用已成为建筑业不可回避的一个趋势。

在建筑垃圾综合利用方面，德国、日本、美国等工业发达国家的许多先进经验和处理方法很值得我们借鉴。目前，西欧用于建筑废料回收处理的工厂（站）基本有两种形式：一种是可移动的建筑废料回收处理站。由初级筛分设备、反击式破碎机、磁力除铁器和必要的转运设备组成。可移动的建筑废料回收处理站可在拆除现场或附近地区，或是在需要用加工后废料的施工现场对拆下的废料分门别类的进行加工处理。另一种是固定式的建筑废料回收处理工厂。在固定式的回收处理工厂中，一般有两极破碎设备，如颚式破碎机和反击式破碎机，并有专门的分离工序，如用颠簸振动设备对轻质材料如木材、塑料、纸片等及有轻度污染的物质的分类和分离。

建筑材料的回收利用可分为产品回收和材料回收两大类：产品的回收利用是指建筑材料和建筑构件以他们原有的形式被重新使用或是进一步的延伸其使用范围；材料的回收是指回收的建筑废料经加工制备后的利用，原有形式的建筑构件或制品由于拆除、破碎或因其他技术方法而消失了，这种经加工制备后的材料可在原有的产品中利用或以另外的方法利用。材料回收后的用途主要在于：道路垫层，音障墙（堤）混凝土制品，用于基础工程、壕沟的填充料，烧结砖瓦用于水泥混合材，园林美化的装饰性颗粒产品等。

71. 什么是低碳环保，生活中的低碳环保产品有哪些？

低碳环保，英文为 Low-carbon green，意指较低（更低）的温室气体（二氧化碳为主）排放。随着世界工业经济的发展、人口的剧增、人类欲望的无限上升和生产生活方式的无节制，世界气候面临越来越严重的问题，二氧化碳排放量愈来愈大，地球臭氧层正遭受前所未有的危机，全球灾难性气候变化屡屡出现，已经严重危害到人类的生存环境和健康安全，即使人类曾经引以为豪的高速增长或膨胀的 GDP 也因为环境污染、气候变化而"大打折扣"，因此，社会提出一种全新概念的环保方式——低碳环保。

在低碳环保问题上，人们需澄清一些认识上的误区。首先，低碳不等于贫困，贫困不是低碳环保经济，低碳环保经济的目标是低碳高增长；第二，发展低碳环保经济不会限制高能耗产业的引进和发展，只要这些产业的技术水平领先，就符合低碳经济发展需求；第三，低碳环保经济不一定成本很高，减少温室气体排放甚至会帮助节省成本，并且不需要很高的技术，但需要克服一些政策上的障碍；第四，低碳环保经济并不是未来需要做的事情，而是应该从现在做起；第五，发展低碳环保经济是关乎每个人的事情，应对全球变暖，关乎地球上每个国家和地区，关乎每一个人。

生活中的低碳环保产品，比如太阳能、低碳墙面漆、变频空调、铝合金材料、活性生态漆地板、"低碳"食品等等都属于低碳环保型产品。

72. 环保中的低碳行业值得关注的是什么，前景如何？

作为环保子行业的固废处理行业，是环保产业中最具成长潜力的环节，政策扶持预期与投资规模将推动行业景气持续攀升。国家战略性新兴产业发展规划是国务院十大产业振兴规划的补充，其中涵盖新能源、新材料、节能环保等七大子行业。政策的大力扶持对行业构成直接推动作用。同时随着经济刺激计划的推进和微观层面更多项目的审批完成，政府 4 万亿元经济刺激计划的正面效应将更多在 2010 年起体现。受益于"调结构"的经济发展主基调，固废行业进入黄金发展期。"十一五"期间，固废处理投资规模 2100 亿元，年均增速 18.5％，而环保部中国环境规划院预测"十二五"期间，环保产业投资规模达到 3.1 万亿元，其中固废行业达到 8000 亿元，同比十一五翻两番，固废行业进入黄金发展期，预计这一阶段将持续 10 年以上。

城市固废处理行业的市场化前景最佳，发展空间预示美好前程：工业固废、危险品处理及城市固废处理三类子行业中，城市固废处理的市场化前景最佳（目前国内城市垃圾产出量每年以 8%～10% 的速度增长），但由于我国目前垃圾分类体系尚不完善，消费群体垃圾分类意识薄弱，垃圾处理技术水平较低；此外统一完整的垃圾处理收费与定价机制尚未建立，市场机制不完善制约了产业化发展；随着收费机制与行业盈利模式的逐步确立，行业有望复制污水处理行业的发展特征，成为快速发展的低碳新兴产业之一。此外，"环境税"拟开征预期也推动行业估值底部整体上移。

"设计施工、垃圾处理核心设备、系统集成"是固废行业最具附加值的价值链前导环节。环保行业的公益性决定了运营类企业的投资回报率为 8%～10%，而设计施工和设备集成没有行政定价限制。先进的垃圾堆肥和焚烧处理方式中设施投资占到总投资的 60%～70%，拥有核心技术和经验的企业可最大限度地分享行业高成长带来的投资回报。

73. 材料及其产业在新经济模式下的发展现状与动向如何？

为适应发展低碳经济和循环经济，两大材料领域最受关注：一是新能源材料的研发与产业化，包括直接用于产生能源或转化的材料以及为实现转化与输送的其他相关配套材料，还有除天然碳汇之外能够实现 CO_2 捕获或固化的技术所必需的新材料等；二是生态环境材料的研发与产业化，而其中的生态建筑材料则成了低碳经济热潮中比较引人注目的材料门类。这是由于建筑材料量大、面广，在生产与使用过程中都要耗费大量的能源与资源，是贯彻低碳经济方针时必须重点抓的材料领域之一。

74. 墙体材料行业如何实现循环经济和可持续发展？

墙材革新开展十多年来，实心黏土砖的产量有了大幅下降，但是目前仍然占据着我国墙体材料的主导地位。实心黏土砖是典型的高能耗、高资源消耗和高污染产品，致使目前我们的墙体材料工业成为建材工业中的第二个耗能大户，占建材行业能源消耗总量的23.05％，是节能减排的重点行业。

但是从另一个角度讲，墙体材料工业又是发展循环经济、资源综合利用的重要行业。利用低品质的粉煤灰、利用低热值废渣替代原、燃材料是墙体材料工业独特的优势，是其他行业或产品所不能及的，如工业废渣煤矸石、粉煤灰、炉渣等用于制砖，其本身含有的热值不仅可被全部利用，甚至可完全替代商品燃料。固体废弃物的利用已成为墙体材料工业节能和节材的一个主要亮点。因此，今后墙体材料工业的发展应以节约能源、资源和保护环境为中心，以提高资源利用率、固体废弃物利用率和降低污染物排放为目标，紧紧依靠技术进步，按照循环经济的发展模式，打造资源节约型、环境友好型产业，实现健康持续的发展。

75. 水泥行业将如何生存和发展？

一是通过技术改造，提高生产设备的运转率，降低生产消耗；二是通过配套建设纯低温余热发电项目，将废气中的热能转化为电能，实现废气余热产生电力节能。三是通过开发使用新产品，提高生产效率。

水泥行业在发展循环经济、余热发电、垃圾焚烧等中是一个综合性的系统工程。那么对水泥行业的生存和发展需做到以下几点：

（1）支持大企业发展，提高产业集中度。通过强强联合、兼并重组、互相持股等方式进行战略重组，提高水泥生产集中度。

（2）促进节能减排工作，推进发展循环经济。出台配套政策，鼓励支持发展利用水泥企业处理工业废料和污泥项目。

（3）科学规划、严格监督。

第六章   低碳建筑的发展概况

76. 什么是低碳建筑?

低碳建筑是指在建筑材料与设备制造、施工建造和建筑物使用的整个生命周期内,减少化石能源的使用,提高能效,降低二氧化碳的排放量。

77. 在低碳之风愈刮愈烈的今天,建筑行业的状况是怎样的?

我国政府高度重视气候变化问题,明确提出要把应对气候变化纳入国民经济和社会发展规划,尝试有助于发展低碳经济的各种途径,并取得了积极成效。其中,建筑行业是传统意义上的碳使用大户,要想全面实现低碳指标,建筑行业的碳消耗降低势在必行。建筑行业每年平均以 20 亿 m^2 左右的速度发展,既有的 400 多亿平方米的建筑当中,真正达到节能标准的却不到 10%,仅建筑业的耗能量,已经占到全社会终端耗能量的 27%。住房和城乡建设部目标在十一五期末,建筑节能减排实现节约 1.1 亿吨标准煤。中国城镇现有房屋建筑面积 150 多亿平方米,按旧建筑中的四分之一进行节能改造,改造量达 38 亿 m^2。这部分建筑节能改造工程意味着两万亿人民币的投资市场。

这意味着最大的挑战将是如何提高现有建筑的节能性。而减少温室气体排放的 5 项最为有效的方法中的 4 项与建筑业相关:使用更好的隔热系统、空调系统、照明系统和水暖系统(另一个方面是提高机动车的能源使用效率)。对政府来说,建筑业是最快可以产生节能效果的部门,因此,建立碳定价机制将对建筑产业产生非常直接的影响。

78. 我国建材工业现状如何?

建材工业是国民经济重要的原材料工业,也是资源、能源依赖型原材料工业。我国已经成为世界最大的建材生产和消费国，建材工业的总能耗仅次于冶金和化工，居工业部门第三位，建材工业能耗总量约占全国能耗总量和工业部门能耗总量的7%和10%，建材工业废气排放总量占全国工业废气排放总量的18%。同时建材工业发展低碳经济是实现建筑节能的基础条件，建材行业产品的77.37%用于建筑业，建筑业每增加1万元产值，将消耗0.35万元建材产品。目前，我国既有建筑达430亿 m^2，年新建房屋面积高达16亿～20亿 m^2，但95%以上都不是节能建筑，我国建筑能耗已占全国能源消耗的近30%，单位建筑面积采暖能耗为气候相近发达国家的3倍左右。如果建筑节能工作仍维持目前状况，到2020年建筑能耗将达到10.89亿t标准煤，仅空调高峰负荷将相当于10个三峡电站满负荷发电。由此可见，建材工业推进节能减排，大力发展低碳经济势在必行。

79. 我国建材行业的发展目标是什么？

到2010年建材行业要实现消纳工业废渣5亿t，比2005年增长15%；40%以上的新型干法生产线实现纯低温余热发电。

预计至"十一五"末，实现水泥新型干法比重达到70%以上；浮法玻璃占总能力的比重达到90%以上，平板玻璃加工率大于30%；新型墙体材料产量比重达到50%以上。

争取用5至10年的时间，基本完成我国建材行业主要产业技术结构的调整任务。

80. 建材工业低碳经济研究方向是什么？

建材工业发展低碳经济，必须进一步贯彻落实科学发展观，坚持资源开发与节约并重，大力推进节能减排，实现经济增长的根本性转变，促使建材工业成为与经济、社会、环境协调发展的资源节约型和生态友好型产业。

建材工业发展低碳经济，必须积极开展几个方向研究。

1. 基础材料制造的节能减排技术

在建材窑炉（水泥、玻璃、陶瓷、砖瓦）设计，建材制造工艺技术，替代原燃料与原料减量化技术，高效燃烧技术，耐高温材料研究与制备，余热高效利用，粉尘、NO_x、SO_3、CO_2 减排等方面开展创新性研究，取得一批具有自主知识产权、赶超国际先进水平的技术创新成果，提升我国在建材制造业领域自主和持续创新能力，实现我国建材制造技术领域的跨越式发展。

2. 综合利用和协同处理技术

（1）通过研究建材窑炉综合利用和协同处置废弃物关键技术和装备，一方面充分利用废弃物的残余热值，另一方面协同处置了大宗、难以处置、环境危害较大的工农业和生活废弃物，体现了绿色建材在社会大循环中的作用和价值，实现建材行业的可持续发展。

（2）通过对基于建筑工程全生命周期的建筑垃圾减量化控制技术、可循环再利用的建筑材料及其应用技术、建筑垃圾再生材料在建筑工程中应用的成套技术的研究，解决城市废弃物在建材行业应用的瓶颈技术；形成城市废弃物在建筑材料工业中资源化利用的成套技术和系列产品。

3. 配合建筑节能的建材高效产品开发

（1）建筑门窗节能玻璃关键技术的研究开发，重点是高强度节能低辐射（真空）玻璃门窗的研究与开发。通过开发新的低辐射玻璃膜系，提高低辐射玻璃的节能性能和环境稳定性能，解决低辐射玻璃生产中存在的成本高、品种单一、不可钢化等问题。通过对真空玻璃生产工艺的研究，解决真空玻璃使用方面的安全性问题；形成建筑节能玻璃自主知识产权的生产技术，通过示范工程的带动作用，在全国范围内推广应用，带动节能门窗玻璃应用技术水平的提高。

（2）节能型功能建筑材料的开发与应用，重点研究透光率，具有温致可逆变化性的相变储能控温材料、遮阳与建筑室内采光兼顾协调的建筑智能遮阳材料以及具有宽频高效吸波特性的建筑吸波材料等材料，建立其制备、应用和设计的成套技术及相关标准，为绿色建筑提供适用性强且节能和调节环境效益显著的系列新型功能材料产品。

（3）高效难燃安全保温材料及墙体保温体系

开发高效安全保温材料：形成复合保温材料导热系数接近聚苯乙烯保温板，材料成本与聚苯乙烯保温板相当。同时完善墙体保温体系，解决外墙保温抗风压差、易脱落的问题，提高保温系统的耐久性。

（4）新型墙体材料应用技术

墙体材料的研究开发朝着节能保温、绿色环保，特别是单一材料满足建筑节能的方向发展。开发适用于不同地域特色、结构与保温功能要求、多种结构形式的承重及非承重新型结构体系墙体材料，包括：高性能建筑砌块产品开发及应用技术研究，开展烧结多孔保温外墙板的应用技术研究、建筑用轻板的开发及应用技术研究。建立相应的设计、施工、验收标准，提高新型墙体材料在建筑中的应用技术水平。

4. 太阳能发电与建筑材料及建筑一体化技术

将太阳能发电技术与建筑材料结合，制备具有高效保温节能、又具有太阳能发电功能的薄膜太阳能光伏-建筑材料一体化产品并且在节能建筑中应用。

81. 水泥工业低碳经济的主要内容是什么？

水泥工业低碳经济的总目标是要构建循环经济系统，主要包括以下几点内容：

（1）提高能源效率，少用或不用煤炭及含有机碳的燃料，尽可能使用不排放 CO_2 等温室气体的其他能源，可以减少 CO_2 或相关废弃物的排放。捕获 CO_2 制造生物质能源，减少温室气体对气候和环境的影响，提高行业的可持续发展能力。

（2）发展循环经济，尽可能少用碳酸盐原料（$CaCO_3$、$MgCO_3$），使用垃圾焚烧灰等代替石灰质原料，使用工业废渣替代熟料，减少 CO_2 排放量。使用窑尾余热和冷却机废气余热发电或烘干原料，间接减少了能源消耗，从而减少了 CO_2 排放。提高资源利用效率，提高利用劣质资源的技术水平，也是循环经济的注意点。

（3）提高产品质量，包括功能、耐久性和寿命，此外，开发低碳水泥产品，建立低碳产品体系。另外，提高产品的功能是提高产品质量和性能的内容之一，功能的增多或强化，相当于扩大或延长产品的使用范围或服务年限，对减排 CO_2、保护地球环境起到相同的作用。

82. 我国水泥工业现有窑型的平均能效如何？

我国各类窑型熟料平均能效指标　　　　表 4

窑　型	热耗（kJ/kg）	热效率（%）	能耗（kgce/t）	折算系数（%）
新型干法窑	3155～3553	50～55	110～120	100
预热器窑	3971～4807	37～44	135～165	130
湿法窑	5016～6027	28～35	170～215	167
立波尔窑	4096.4～4598	38～42	140～160	130
机立窑	3971～5434	32～40	135～185	139

表 4 是我国水泥工业现有几种窑型的能效平均数据，从表中数据可以看出，必须尽快淘汰除新型干法水泥窑型外的所有落后工艺窑型，才能提高能源利用效率。

83. 水泥工业节能环保的应用技术包括哪些内容，其节能减排潜力如何？

水泥工业节能环保的应用技术主要内容有：高效预热分解的熟料煅烧技术与装备、料床粉磨的节能新技术与新装备、余热利用、电气变频技术、新型高效袋收尘器、水泥窑共处置废物和细掺合料技术等，水泥工业节能环保的应用技术及节能减排潜力分析如表 5 所示。

水泥工业节能环保的应用技术及节能减排潜力分析 表 5

技术名称	技术内容	节能减排估算
新型干法水泥技术	高效预热器及分解炉系统 高效节能篦冷机 新型高效燃烧器 料床粉磨技术 生料辊磨系统 水泥辊压机联合粉磨系统 水泥料床终粉磨系统	用新型干法水泥技术淘汰 5 亿 t 落后工艺水泥，可节标准煤 7000 万 t，节电 450 亿度，减少二氧化碳排放 3.5 亿 t，减少粉尘排放 700 万 t
余热发电	纯低温余热发电技术	若年发电量将达到 90 亿 kW·h，则可节约标准煤 360 万 t，减排 CO_2 864 万 t
电收尘器改袋除尘技术	长袋低压脉冲除尘器 反吹风袋式除尘器	可减少 2/3 烟尘、粉尘排放量
废物资源化技术	矿渣资源化 粉煤灰的资源化 电石渣的资源化 煤矸石的资源化技术 废弃混凝土的再利用	增加水泥粉磨混合材掺入量 10%，一年减排 1 亿 t CO_2
水泥窑协同处置废物	处置工业废弃物 生活垃圾的水泥窑焚烧处置 污泥的水泥窑焚烧处置	可燃废弃物替代燃料率达到 10%，可节约 1600 万 t 标煤

84. 建筑业中水泥"预拌"发展模式是怎样的？

水泥的"预拌"使用是散装水泥发展和应用的新方向，也是散装水泥的升级产品和延伸产业，水泥"预拌"使用的"三位一体"发展模式，是实现散装水泥、预拌混凝土和预拌砂浆又好又快健康、协调、科学发展的模式，是创新散装水泥的科学发展理念，转变水泥和建筑产业发展方式，走集约化、专业化、散装化、低碳化有效途径。该模式既可节省能源和资源消耗，减少固体废弃物排放，又有利于提高工效，保证工程质量。水泥的"预拌"模式发展已成功转变为低排放、低能耗、低污染的低碳经济发展模式。

85. 建筑陶瓷业如何发展低碳经济和绿色建材？

建筑陶瓷业发展低碳经济和绿色建材可从以下方面发展：

1. 大力扶持大规格陶瓷薄板

陶瓷薄板是一种利用全新工艺生产的陶瓷类装饰材料，它与"陶瓷砖"是两个截然不同的概念，其厚度最薄的不足 3mm，与陶瓷砖相比，对资源的消耗不到陶瓷砖的一半，碳排放量自然大为降低。

2. 延长瓷砖的使用寿命

瓷砖的内在品质过硬，无论使用多久都恒久如新，不会出现吸污、龟裂、空鼓、脱落等质量问题，这无疑也是一条可行的低碳之路。

3. 对生产废渣的再利用

瓷砖生产过程中，会产生诸多的固体废料，如何循环再利用，最大限度地减少排放，无疑是低碳经济绕不过的坎。如利用抛光环节产生的废渣开发轻质保温瓷砖，将次废品进行深加工作为主打产品的配套产品，将无法再加工的固体废料作为水泥砖等建筑产品的粗骨料、添加剂等等，都是降低碳排放的可行之举。

4. 增加单位产品的附加值

碳排放的统计，是以单位 GDP 来考量的，单位瓷砖在资源、能源方面的消耗量相差无几，但市场上不同定位瓷砖的价格却是天壤之别，因此，单位瓷砖的碳排放也是千差万别。如果陶瓷企业能够尽可能提升产品档次，增加产品的附加值，同样可以降低单位 GDP 瓷砖的碳排放。

86. 在低碳经济的潮流下，玻璃产业如何直面低碳经济时代？

近年来，随着我国经济快速发展，人们生活水平不断提高，我国玻璃工业实现了跨越式发展。平板玻璃从 2000 年不足 2 亿重量箱，增至 2008 年 5.74 亿重量箱，成为历史上玻璃产能增长最快的时期。但是目前我国玻璃工业发展，仍未脱开粗放方式，存在发展无序、产能失控、产业结构不尽合理。

建筑平板玻璃企业，未来除了要加大节能减排的力度，快速摒弃盲目求产能、求规模的粗放型发展模式，当务之急是：除了大力发展新能源产业、信息产业用特种浮法玻璃之外，更要全力发展玻璃深加工的低碳玻璃新品种。

玻璃产业发展低碳经济的内容十分丰富。一方面，玻璃产业同样需要消耗化石能源，在玻璃制造业中存在着如何节能减排的问题，这些年不断发展的全氧燃烧技术、余热发电技术和各种窑炉节能技术等，都是围绕着如何减少能源消耗和污染排放进行的。另一方面，普通浮法玻璃目前供大于求，而优质浮法玻璃、特种浮法玻璃大部分仍需进口，国内高档优质浮法玻璃的产量仅占总产量的 26%，深加工率仅为 35% 左右，而且品种少。大力发展节能环保型深加工玻璃已成趋势，包括做好制造过程中的节能减排，做好中空玻璃等节能加工产品等更加具有节能减排效果的新产品及太阳能玻璃、光伏建筑玻璃等的开发和应用。

87. 我国发展低碳房地产企业存在哪些问题？

1. 我国房屋设计、规划不合理，面积偏大，浪费严重

根据爱尔兰统计局 2003 年和意大利统计局 2005 年的统计数据，欧盟除个别国家外，大部分国家住房面积平均基本都在 $100m^2$ 以下，例如英国 $87m^2$，法国 $89m^2$，德国 $89m^2$，意大利 $90m^2$。在东欧一些国家则更小，比如拉脱维亚只有 $55m^2$。尽管面积不大，但是设施齐全，设计合理，适宜居住。而在我国，住房面积在 $100m^2$ 以上的居多。尽管国家在 2006 年规定在新建商品房中 $90m^2$ 以下的房屋要占到总建筑面积的 70%，但鲜有城市能够达到，即使有，这些房屋也都存在着采光不好、通风不好等设计上的严重问题。

2. 小区绿化硬质地面太多，而裸露的泥土少，草坪太多，

树木较少

我国小区绿化面积大多在 30% 左右，草坪占了其中很大的比例，而树木和水体则很少。这些对吸收二氧化碳不利。在植物种植方面，很多小区没有注重实用性。例如在广州种植了很多高大的乔木，这些树种外表美观，但是由于叶子少，不能起到遮阴和吸收二氧化碳的作用。

3. 建筑材料和能源利用存在问题

目前采用的材料大多是消耗高、污染高、效果差的材料，例如在建筑中水泥的大量使用，大量的使用水泥不仅排放了很多的二氧化碳，也排放了很多的灰尘。普通材质的墙体隔热保温效果差。在房屋的能耗中，由于使用普通的玻璃而导致 40%～50% 的能量都损耗掉。在能源利用上很少利用太阳能、风能、地热能等清洁能源，煤炭和石油产品仍然是能源的主要来源。

4. 房地产市场大部分是毛坯房

目前，我国房地产市场中精装房的比例不到 20%。业主自己装修，互相干扰，破坏结构，浪费资源。据统计，消费者自己装修 100m² 的一套房子要比开发商集中装修多产生建筑垃圾 2t，我国每年交付的房子 600 万套，80% 是毛坯房，也就是说只此一项就多产生建筑垃圾 1000 多万吨。

88. 目前实现建筑房屋节能技术有哪些?

低碳建筑已逐渐成为国际建筑界的主流趋势。统计数据显示，我国每建成 1m² 的房屋，约释放出 0.8t 碳。建设绿色低碳住宅，实现节能技术创新，建立建筑低碳排放体系，有效控制和降低建筑的碳排放，并形成可循环持续发展的模式，是我国房地产业走上健康发展的必由之路。要实现我国建筑房屋的节能，需要有以下技术:

外墙节能技术:墙体的复合技术有内附保温层、外附保温层和夹芯保温层三种。我国采用夹芯保温作法的较多;在欧洲各国，大多采用外附发泡聚苯板的作法，在德国，外保温建筑占建筑总量的 80％，而其中 70％均采用泡沫聚苯板。

门窗节能技术：中空玻璃、镀膜玻璃（包括反射玻璃、吸热玻璃）、高强度 LOW2E 防火玻璃（高强度低辐射镀膜防火玻璃）、采用磁控真空溅射方法镀制含金属银层的玻璃以及最特别的智能玻璃。

屋顶节能技术：利用智能技术、生态技术来实现建筑节能的愿望，如太阳能集热屋顶和可控制的通风屋顶等。

采暖、制冷和照明是建筑能耗的主要部分，如使用地（水）源热泵系统、置换式新风系统、地面辐射采暖。

新能源的开发利用：太阳能热水器、光电屋面板、光电外墙板、光电遮阳板、光电窗间墙、光电天窗以及光电玻璃幕墙等。

89. 低碳经济下建筑节能需解决哪些问题？

建筑节能是低碳经济的重要组成。但在中国要将建筑节能与低碳经济联系起来，还有一些困难问题需要解决。

1. 由于建筑材料、建筑设备的复杂性和多样性，迄今为止还无法确定建筑碳排放的基准线（Baseline），即建筑生命周期的碳排放量。在建筑节能改造的 CDM（清洁发展机制）项目中，规定为"能量基准线由实施改造措施情况下被替代的现有设备的能源消耗和新建设施情况下本该被安装的设备的能源消耗构成"。而对于新建建筑而言，很难界定建筑物的 CO_2 减排量。

2. 我国城市土地稀缺，以"三高（高层、高密度、高容积率）建筑"为主，形成以电力依赖型为主的建筑用能模式。而我国东部和南部经济发达地区，又是化石燃料稀缺和可再生能源不很丰裕的地区，难以形成建筑对可再生能源规模化集中应用的格局。英国政府提出，在 2016 年实现住宅供能的零碳化。其主要措施就是沿英伦三岛建立海上风电场、建设一批核电站，使风电与核电在能源供应中的比例达到住宅能源消费的比例。在我国则很难实现这样的目标。如何在我国的建成环境（Built Environment）下实现节能和减排的目标还值得很好研究。

3. 我国城市居住建筑能耗呈刚性增长趋势，如果仅就建筑节能进行考核，则可以用相对 20 世纪 80 年代的节能率来评价（即"节能 50％"或"节能 65％"）。而对于 CO_2 减排，则是在某一核定基准线上绝对量的减少。在我国建筑以化石能源为主且能耗增长的条件下要做到实质性减排是十分困难的。即便单体建筑实现实质性节能，其节能量和减排量也十分有限。针对这种情况，CDM 机制中设计了一种 PCDM 方式（规划方案下的清洁发展机制），即将为实现某一目标而采取的一系列减排措施作为一项规划方案整体注册为一个 CDM 项目。换句话说，可以将一个建筑社区内的各种节能减排措施"打包"考虑。这样，就可以在整个区域范围内权衡和统筹。"失之东隅，收之桑榆"，"聚沙成塔，集腋成裘"，可以用增加碳汇、集成应用可再生能源等措施，将整体碳排放量降下来。因此，要建立跨学科跨专业的协同建设机制，从社区规划入手实现总体碳减排。

4. 我国建筑节能经济激励机制尚不健全。而温室气体减排更需要完善的机制保障。发达国家在可再生能源利用方面都有很大力度的经济激励政策，特别是对可再生能源的上网、收购、税收等都给予很大优惠，使得建筑可再生能源利用成为一项有利可图的投资事业。当然，发达国家政府主要是出于《京都议定书》的减排压力，是花钱购买碳减排量。相对 CDM 机制买发展中国家的减排量，购买国内可再生能源还是要便宜。我国应该做好政策预案，一旦承担减排义务，就要让它分解消化，成为全民而不是政府一家的事。可再生能源电力的上网，在技术上没有难点，但因为影响某些垄断企业的利益而障碍重重。节能减排其实就是一种利益格局的调整。我国已颁布《可再生能源法》，要在法律框架下利用经济杠杆推动节能减排事业发展。

5. 在低碳经济语境下，对建筑节能的评价不能仅用单一的能耗指标，而要做多元评价。各项指标的权重，会根据情况而调整。比如在现在的我国，还是以能效指标的权重最高，一旦我国要承担减排义务，碳排放指标就会上升到第一位。评价指标不同，所选择的技术方案就不同。因此，如何全面客观地评价一项技术，尽可能扬其所长、避其所短，而不是绝对化地全盘肯定或全面否定，也是需要我们树立的科学发展观的思想方法之一。

6. 促进行为节能和行为减排，一方面要靠经济政策，另一方面也要注意对消费的引导。中国人既有节俭的传统美德，也有从众消费的攀比心态。在中国，汽车、空调等的普及速度都是出乎预料的。

90. 我国加快建设以低碳为特征的建筑体系，住房和城乡建设部是如何推进该项工作的？

我国正在加快建设以低碳为特征的建筑体系。以低碳为特征的建筑体系，就是指高能效、低能耗、低污染、低排放的建筑体系。加快建设以低碳为特征的建筑体系，就是从关注单体建筑节能向关注整个城市建筑节能转变，从关注建设施工阶段节能向两端延伸，即涵盖土地获取、规划布局阶段的节能到建筑报废阶段的节能。目前，住房和城乡建设部正在从五个方面推进这项工作。

一是继续抓好新建建筑节能。强化新建建筑执行节能标准的监管力度，全面推行建筑能效测评标识制度，加快建立完善我国绿色建筑评价标识制度等。

二是加大北方采暖地区既有居住建筑供热计量及节能改造力度，力争"十二五"期间完成改造的面积再上一个台阶。

三是加强国家机关办公建筑和大型公共建筑节能监管。进一步扩大能耗动态监测平台的试点范围，指导24个示范省市加快研究制定本地区国家机关办公建筑和大型公共建筑能耗定额和超定额加价制度，抓好第一批12所高校的"节约型高等学校"建设工作等。

四是抓好可再生能源在建筑中一体化成规模应用。加强已启动的371个示范项目的管理，完善相关应用技术标准，继续扩大可再生能源建筑应用示范规模。

五是加大力度，推动建筑节能新型材料的推广应用。促进新型墙体材料的推广应用及监管，确保建筑节能材料质量，并带动相关产业的发展。加快建设以低碳为特征的建筑体系，还需要完善和严格执行现有的节能法律法规和标准规范，指导各地加强建筑节能的立法工作，完善配套措施，落实经济激励政策，提高政府监管能力等。

91. 建筑材料产业节能减排的形势是什么？

建筑材料产业是我国国民经济建设的重要基础原材料产业之一，按照我国现行统计口径，建筑材料主要包括水泥、半板坡璃及加工、建筑卫生陶瓷、房建材料、非金属矿及其制品、无机非金属新材料等门类。作为传统行业的建材行业，一直以来被称为"两高一资"行业。2006 年，建材工业能源消耗总量为 1.75 亿 t 标准煤，约占全国能源消耗总量的 7%，仅次于冶金、化工，成为第三耗能大户。

建材工业生产既消耗能源，又有巨大的节能潜力，许多工业废弃物都可作为建材产品生产的替代原料和替代燃料；同时建材产品还可为建筑节能提供基础材料的支撑，一些新型建材产品可为新能源的发展提供基础材料和部件。在能源问题日益制约经济、社会发展的今天，我国政府已作出了建设节约型社会的战略部署，建材工业作为我国国民经济的重要产业和高耗能产业，在节能减排及能源结构调整中大有可为，在我国建设节约型社会中将起重要作用。

节能减排和发展低碳经济将成为我国经济发展的根本性前提。全球气候变暖形势加剧，节能减排是全球大势所趋。在此背景下，节能建材具有高成长性。建材不仅是能耗和排放的主要行业，而且建材品种还关系到建筑物的节能减排情况。余热发电将在水泥工业中全面普及，大力发展节能建材是必然的趋势。新型墙体材料、节能门窗和玻璃、人造板是正在崛起的朝阳产业。我国节能建材行业面临着广阔的发展空间，预计未来 10 年中每年仍将保持 10％ 以上的增速，有很大的投资机会。

2008 年底出台的国家 4 万亿元投资计划中，有 2100 亿的投资用于节能减排，扩大内需政策将使节能环保行业迎来发展的好时机。受此政策利好刺激，建材行业节能减排领域增长趋势明显。

92. 国家对于低碳经济建设的一些税收优惠政策有哪些?

为推动环保节能工作展开，建设发展低碳经济，税收优惠范围被详细界定。比如 2008 年节能减排税收政策已经较为系统和全面，同时我国也出台了 4 大类 30 余项促进能源资源节约和环境保护税收政策，对促进能源资源节约和环境保护起到了积极的推动作用。

以下为一些相关企业的税收优惠政策：

环保节能设备制造商：根据《企业所得税法》和《国家重点支持的高新技术领域》，产品（服务）属于新能源与节能技术（可再生清洁能源、核能及氢能、新型高效能量转换与储存、高效节能）、资源与环境技术（水污染控制、大气污染控制、固体废弃物的处理与综合利用、环境监测、生态环境建设与保护、清洁生产与循环经济、资源高效开发与综合利用）领域的符合条件的企业将享受 15％ 的企业所得税率。

购置环保节能设备：根据《企业所得税法》、《环境保护专用设备企业所得税优惠目录》、《节能节水专用设备企业所得税优惠目录》，购置优惠目录中的环境保护、节能节水等专用设备的，该专用设备的投资额的 10％ 可以从企业当年的应纳税额中抵免；当年不足抵免的，可以在以后 5 个纳税年度结转抵免。

综合利用资源：根据《企业所得税法》，企业综合利用《资源综合利用企业所得税优惠目录》中所规定的资源，从而生产产品取得收入的，计算应纳税所得额时，减按 90％ 计入收入总额。

2009 年 12 月 31 日，财政部、国家税务总局和发改委——《关于公布环境保护节能节水项目企业所得税优惠目录（试行）

的通知》中明确规定符合一定条件的公共污水处理、公共垃圾处理、沼气综合开发利用、节能减排技术改造、海水淡化共 5 大类、17 小类项目可获得企业所得税优惠。

93. 2010 年深圳全面研究开发低碳建筑和绿色建筑的情况如何？

从深圳市绿色建筑与低碳城市建设研讨会上获悉，2010 年深圳将全面研究开发低碳建筑和绿色建筑，将在 700 万 m^2 建筑上安装太阳能装置，建成绿色建筑面积 1000 万 m^2，并确保完成 110 万 m^2 既有建筑节能改造的目标。住房和城乡建设部副部长仇保兴，深圳市市委常委、副市长吕锐锋出席了研讨会。

仇保兴在会上说，深圳过去 30 年是中国工业文明的"领头羊"，未来 30 年应当成为生态文明的"排头兵"。他认为，深圳最有条件在低碳城市、生态城市的建设方面再次成为国家的示范。

据悉，2007～2009 年，深圳共有 765 个项目进行了建筑节能专项验收，704 个项目通过了建筑节能专项验收，建筑面积达 3250 万 m^2。去年，深圳全面启动既有建筑节能改造，首批改造试点包括市民中心、市委办公楼在内，共 35 个项目，改造建筑面积约 129.1 万 m^2。36 个大运会体育场馆维修改造项目，也全部增加了节能改造的内容。按照《深圳市既有建筑节能改造实施方案》，2010 年底将有 110 万 m^2 既有建筑完成节能改造的目标。

今年深圳将制定 2 个新条例，在节地、节能、节水、节材的基础上形成低碳建筑体系：一个是《可再生能源建筑应用管理办法》，确定 712 万 m^2 示范项目安装可再生能源应用装置，其中 700 万 m^2 安装太阳能装置，中央财政将给予 8000 万元补贴；另一个是《绿色建筑管理办法》，建立绿色建筑全寿命周期管理制度，确保 2010 年底建成绿色建筑面积 1000 万 m^2，光明新区形成绿色地图和钢结构生态走廊。

94.《中国建材》第七届理事会暨 2009 中国低碳建材产业发展峰会上提出什么新概念？

2009 年 12 月 20 日上午，《中国建材》第七届理事会暨 2009 中国低碳建材产业发展峰会在宿迁召开。峰会上，与会代表介绍了我国建材业最新发展成就、最新技术成果以及龙头企业的发展经验，就生态低碳新型建材产业以及发展进行了交流和探讨。会上并提出一个新概念——低碳型绿色建材。

以无毒环保与环境友好为特征的绿色建材的概念已经深入人心。在此之前，国家主席胡锦涛在联合国气候变化峰会上对外承诺中国争取到 2020 年单位国内生产总值二氧化碳排放比 2005 年有显著下降。并提出大力发展绿色经济、低碳经济和循环经济。11 月 25 日，国务院对外正式宣布到 2020 年中国单位 GDP 二氧化碳排放要比 2005 年下降 40％到 45％。

我国每年大量的能耗中，40％是建筑能耗，要节约能源，就要建造可持续建筑即为低碳建筑；要完成低碳建筑就需要有低碳的建材。其一是减少排放，其二就是节约能源。采用低碳设计就是采用低碳技术和零碳技术乃至负碳技术策略，实现低碳、零污染、高效率可持续发展目标的设计方法。

低碳建材和绿色建材相比，在内涵和目标上是基本一致的，但是侧重点不同。绿色建材更强调减少污染排放，低碳是减少碳的用量和碳排放。低碳更切合节能减排应对全球气候变化的主题。因此，我们也可以把低碳技术策略和目标打造的绿色建材称之为低碳型绿色建材。

95. 财政部、国家发展改革委启动"节能低碳产品惠民工程"的内容及其作用是什么？

从财政部获悉，为有效推广高效节能低碳产品，提高终端用能产品的能源效率，经国务院同意，财政部、国家发展改革委正式启动实施"节能低碳产品惠民工程"。

财政部、国家发展改革委印发了《关于开展节能低碳产品惠民工程的通知》，决定安排专项资金，采取财政补贴方式，支持高效节能低碳产品的推广使用。

《通知》明确，生产企业是高效节能低碳产品的推广主体，中央财政对高效节能低碳产品生产企业给予补助，再由生产企业按补助后的价格进行销售，消费者是最终受益人。财政补助标准主要依据高效节能低碳产品与同类普通产品成本差异的一定比例确定。鼓励有条件的地方安排一定资金支持高效节能低碳产品推广。

国家发展改革委领导说，为期三年的"节能低碳产品惠民工程"，通过财政补贴方式，加快高效节能低碳产品的推广使用，将有效扩大内需，拉动消费需求，提高用能产品能源效率，促进节能低碳，振兴相关产业，带动就业。

实施"节能低碳产品惠民工程"，推广使用节能低碳产品是扩内需、保增长与调结构的有机结合点。在当前保增长、保民生、保稳定的大形势下，组织实施"节能低碳产品惠民工程"将扩大消费、振兴产业，提高能效、优化结构，节电省钱、惠及百姓。

这项工程将扩大消费、振兴产业。我国是家电生产和出口大国，对国民经济影响大。去年下半年以来，受国际金融危机的严重冲击，我国家电产品出口面临前所未有的困难，急需扩大国内需求，促进产业振兴。实施"节能低碳产品惠民工程"可以有效扩大内需，拉动消费需求，保持经济平稳较快发展。

这项工程还能发挥提高能效、优化结构的作用。随着我国工业化、城镇化进程加快，我国家用电器拥有量快速增长，但高效节能低碳家电产品的市场占有率仅为 5％～15％，节能低碳潜力大。实施"节能低碳产品惠民工程"，将高效节能低碳产品国内市场销售份额提高到 30％左右，可实现年节电约 750 亿 kW·h 时，加快产品更新换代，推动节能低碳技术进步。

高效节能低碳产品相对普通产品销售价格较贵。实施"节能低碳产品惠民工程"，消费者按补助后的价格从市场上购买高效节能低碳产品，即节省了购买成本，又可以享受到高效节能低碳产品带来的节电省钱的实惠。

"节能低碳产品惠民工程"是指采取财政补贴方式，对能效等级1级或2级以上的高效节能低碳产品进行推广应用，扩大消费需求，促进节能减排。其详细包括：

——推广产品。根据产品总体能耗水平和高效节能低碳产品市场份额等情况，今后三年，对能效等级为1级或2级以上的空调、冰箱、平板电视、电机等10类产品进行推广，包括已经实施的高效照明产品、节能低碳与新能源汽车。

——补贴对象。高效节能低碳产品的购买者，包括消费者和用户。

——补贴标准。主要根据高效节能低碳产品与普通产品价差，同时考虑技术进步和规模效应等因素确定补贴标准。

——补贴方式。为节约推广成本，提高推广效率，方便消费者，有利加强监管，采取间接补贴方式，对高效节能低碳产品生产企业给予补助，即由生产企业按承诺推广价格减去财政补助后的价格销售高效节能低碳产品给消费者和用户，最终受益人是消费者和用户。

在"节能低碳产品惠民工程"预期效果方面，经过3年努力，实施"节能低碳产品惠民工程"，推广高效节能低碳产品，每年可拉动需求4000亿～5000亿元。到2012年，使高效节能低碳产品市场份额提高10～20个百分点，达到30%以上，根本改变我国高效节能低碳产品市场份额较低的局面。

另外，这项工程可促进节能减排。据测算，实施"节能低碳产品惠民工程"每年可实现节电750亿kW·h，相当于少建15个百万kW级的燃煤电厂，减排7500万t二氧化碳。同时，随着高效节能低碳产品推广规模的扩大和准入门槛的提高，将引导和促使企业加快节能低碳技术改造，推动技术进步和产业升级。

同时，还可以发挥稳定扩大就业的作用。家电行业属于劳动密集型行业，产业链长，扩大高效节能低碳产品消费，促进企业投资以及建立完善的营销、物流、售后服务等内销网络，可相应带动增加就业。

96. 住房建筑节能主要采取的措施是什么？

现在住房的建筑节能我们主要是在两个方面采取措施：一是材料，保温材料的应用、推广；二是按户用热计量。按户用热计量又分为新旧建筑两个部分，已有的建筑量大面广，要改造，这个改造起来，工作量是非常大的。新建建筑除了建筑材料节能之外，还要按户计量用热。说起来可能不大容易理解，就是现在我们的供热计量，特别是既有的建筑，都是按面积来计量的，这是很不科学、很不合理，浪费能源很大。

所以，按户进行用热的计量，这个工作本身是住宅建筑节能的一个非常重要的方面。这两年财政部、国家发改委在住房的节能方面，特别是在住房的按户供热计量方面确实给予了很大的支持，从今年起要扩大范围，要把这个工作继续更扎实地做下去。

97. 住房和城乡建设部如何推动建设领域低碳经济体制机制建设？

住房和城乡建设部提出，要健全建设领域节能减排法规制度和政策措施。各地要认真贯彻落实《节约能源法》、《水污染防治法》、《民用建筑节能低碳条例》确立的法律制度，并结合本地实际，研究制定配套的地方法规和规范文件。继续完善建筑节能低碳技术标准体系，抓紧制定本地区大型公共建筑能耗限额标准。

探索政府引导和市场机制推动相结合的方法和机制，研究制定推进节能低碳省地型建筑和绿色建筑、既有建筑节能低碳改造、可再生能源建筑应用的经济激励政策。研究完善促进城市节水的水价管理办法和污水、垃圾处理费用征管机制。加快北方地区供热计量收费制度的建立和实施。

同时，强化节能减排目标责任评价考核。各省级住房和城乡建设主管部门要研究建立建设领域节能减排统计、监测和考核体系，严格落实节能减排目标责任制和问责制，组织开展节能减排专项检查督察。住房和城乡建设部将组织开展专项检查行动，严肃查处各类违法违规行为和事件。

98. 财政支持新能源发展和节能减排将重点抓好哪些工作？

财政支持新能源发展和节能减排，是当前落实积极财政政策的重要内容。当前要着力抓好十项重点工作：

一是大力支持风电规模化发展，在做好风能资源评价和规划基础上，启动大型风电基地开发建设，建立比较完善的风电产业体系。

二是实施"金太阳"工程，采取财政补贴方式，加快启动国内光伏发电市场。

三是开展节能低碳与新能源汽车示范推广试点，采取财政补贴方式，鼓励北京、上海等 13 个城市在公交、出租等领域推广使用节能低碳与新能源汽车。

四是加快实施十大重点节能低碳工程，支持企业节能低碳技术改造，推进大型公共建筑和既有居住建筑节能低碳改造，鼓励合同能源管理发展。

五是加快淘汰落后产能，实行地方政府负责制，中央财政采取专项转移支付方式，对经济欠发达地区淘汰电力、钢铁等 13 个行业落后产能给予奖励。

六是支持城镇污水管网建设，扩大奖励范围，积极推动污水处理产业化发展。

七是支持生态环境保护和污染治理，加大重点流域水污染治理，促进企业加强污染治理，加强农村环境保护，探索跨流域生态环境保护补偿机制。

八是实施"节能低碳产品惠民工程"，采取间接补贴消费者方式，扩大节能低碳环保产品使用和消费。

九是支持发展循环经济，全面推行清洁生产。

十是支持节能减排能力建设，重点是建立完善能效标准标识制度，节能减排统计、报告和审计制度，加强环境监管能力建设。

财政部表示，支持新能源发展和节能减排，要立足于市场机制和企业主体地位，综合运用各种政策手段，尤其是公共财政政策，给予引导和支持。在当前应对国际金融危机的形势下，各级财政部门要充分认识发展新能源和节能低碳环保产业的重要性和紧迫性，充分认识发展新能源和节能低碳环保产业面临的机遇和挑战，占领新兴产业制高点，把应对金融危机与建立中长期新兴产业发展机制结合起来，着力支持新能源与节能低碳环保产业发展，培育新的经济增长点。

99. 建筑低碳设计新标准是什么，其覆盖哪些方面？

住房和城乡建设部、中国建筑设计研究院及中国建筑标准设计研究院联合对外发布了《全国民用建筑工程设计技术措施——节能低碳专篇》（以下简称《技术措施》）和《国家建筑标准设计节能低碳系列图集》（以下简称《节能低碳图集》），其内容直指当下建筑节能低碳设计软肋。

这两个新标准覆盖了建筑工程中包括建筑墙体、门窗到地面等建筑各部位建筑节能低碳技术，建筑暖通、空调、动力、给排水及电力电气等建筑设备节能低碳技术，公共建筑节能低碳技术，太阳能、地源热泵等可再生能源技术，既有建筑节能低碳改造技术。建筑设计工作在《技术措施》和《节能低碳图集》的指导下将会推动建筑节能低碳。

100. 国家如何推进可再生能源建筑应用？

财政部、住房和城乡建设部从 2006 年开始联合组织实施可再生能源建筑应用示范项目。自这项工作开展以来，已在全国实施了 359 个示范项目。目前，住房和城乡建设部正在对一批竣工的示范项目进行检测验收。

财政部、住房和城乡建设部 2009 年 7 月 9 日发布了《加快推进农村地区可再生能源建筑应用的实施方案》（以下简称《实施方案》），提出实行以县（含县级市区）为单位整体推进，并先行示范、分期启动、分批实施；引导农村住宅，农村中小学等公共建筑应用清洁、可再生能源。《实施方案》确定了农村地区可再生能源建筑应用的重点领域和推广示范县的标准，并明确中央财政将对农村地区可再生能源建筑应用予以适当资金支持。

两部门有关负责人指出，近年来，随着农村地区建筑用能迅速增加，尤其北方地区农村建筑采暖以生物质能源为主的模式，正逐渐被以煤炭等化石能源为主的模式所替代，农村建筑节能形势严峻。在农村地区加快推进可再生能源建筑应用，可节约与替代大量常规化石能源，加快改善农村民房、农村中小学、农村卫生院等公共建筑供暖设施，保障与改善民生，带动清洁能源等相关产业发展，促进扩大内需与调整结构。

附　　录

1.《京都议定书》简介

产生过程

1992 年，各国政府通过了《联合国气候变化框架公约》（简称《公约》）。然而《公约》中各缔约方并没有就气候变化问题综合治理制定具体可行的措施。1995 年在柏林举行的第一次缔约方会议中，发达国家承诺将在 2000 年，将二氧化碳排放量恢复到 1990 年的水平。然而经过缔约方最终审评认定，这一承诺不足以实现《公约》中所预期达到的目标。为了使全球温室气体排放量达到预期水平，需要世界各国作出更加细化并具有强制力的承诺。于是引发了新一轮关于加强发达国家义务及承诺的谈判。历经多次会议，在 1997 年，终于形成了关于限制二氧化碳排放量的成文法案。在第三届缔约方大会上对这一法案内容的研讨、磋商成为大会的主要议程，当本届大会结束时，该公约已经初具雏形，并以当届大会举办地京都命名，始称《京都议定书》。本次会议上 149 个国家和地区的代表通过了旨在限制发达国家温室气体排放量以抑制全球变暖的《京都议定书》。

《京都议定书》需要占 1990 年全球温室气体排放量 55% 以上的至少 55 个国家和地区批准之后，才能成为具有法律约束力的国际公约。

内容介绍

《京都议定书》包括 28 个条款和两个附件。对发达国家规定了有法律约束力的量化减排义务，具体内容是：发达国家和经济转型国家在 2008～2012 年内，应将二氧化碳等 6 种温室气体的排放量在 1990 年基础上平均削减 5%。同时为每一发达国家规定了具体的减排任务。《京都议定书》还出台了三种境外减排的灵活机制：一是联合履约；二是清洁发展机制；三是排放贸易，允许发达国家之间转让温室气体排放量，在某些国家愿意和能够承担更多减排义务的情况下，另一国家便可以承担较少的减排义务，甚至增加其排放。

（1）核心条款

为公约附件一国家缔约方规定了有法律约束力的量化减排义务。其具体是：公约附件一国家 2008～2012 年内，应将二氧化碳等 6 种温室气体的排放量在 1990 年基础上平均削减 5%；主要欧盟国家和大部分东欧国家减 8%；美国 7%；日本加拿大、匈牙利、波兰各 6%；克罗地亚 5%；新西兰、俄罗斯、乌克兰不增不减；挪威增长 1%；澳大利亚增长 8%；冰岛增长 10%。

（2）三种境外减排的灵活机制

1）联合履约（JI）——附件一国家间

公约附件一国家间可以相互转让温室气体减排额度。但是，在转让的同时必须在转让方的允许额度上扣减相应额度。

2）清洁发展机制（CDM）—公约附件一国家和发展中国家间

附件一国家投入技术和资金与发展中国家合作开发温室气体减排项目，实施项目所实现的温室气体减排量可由附件一国家用以完成其减排承诺。

3）排放贸易（ET）—附件 B 所列的所有缔约方之间

附件 B 所列的所有缔约，可以将其超额完成减排量，以贸易方式转让给其他未能完成减排义务的附件 B 国家，但转让的同时应当从转让方的允许排放限额上扣除相应的转让额度，任何此种贸易应是对国内减排行动的补充。

（3）议定书生效的条件

1）应至少 55 个《公约》缔约方批准《京都议定书》；

2）且批准《京都议定书》的附件一所列国家缔约方 1990 年二氧化碳排放量至少占附件一全体缔约方 1990 年二氧化碳排放总量的 55%。

2. 哥本哈根世界气候大会

哥本哈根世界气候大会，全称是《联合国气候变化框架公约》缔约方第 15 次会议，于 2009 年 12 月 7～18 日在丹麦首都哥本哈根召开。来自 192 个国家的环境部长和其他官员们在哥本哈根召开联合国气候会议，商讨《京都议定书》一期承诺到期后的后续方案，就未来应对气候变化的全球行动签署新的协议。这是继《京都议定书》后又一具有划时代意义的全球气候协议书，毫无疑问，对地球今后的气候变化走向产生决定性的影响。这是一次被喻为"拯救人类的最后一次机会"的会议。

12 月 19 日，《联合国气候变化框架公约》第十五次缔约方大会比预定延期一天落下了帷幕，经过艰难曲折的谈判，以大会决定的形式发表了《哥本哈根协议》。协议本身并不具有法律约束力，但强调了发达国家与发展中国家在气候变化问题上"共同但有区别的责任"：相对于会前的众多期望，结果多少会有些令人失望，会议并没有实现预期的目标，只是在部分问题上取得了进展，实质性的问题依然悬而未决。

联合国秘书长潘基文表示，过去 13 天的谈判相当复杂，过程也相当艰难，虽然没有达成一项具有法律约束力的协议，但对大会所取得的进展感到满意，本次会议可以说朝着正确的方向迈出了一步。

总体而言，这份协议符合《联合国气候变化框架公约》和《京都议定书》确定的"共同但有区别的责任"原则，守住了发展中国家的"底线"，就发达国家实行强制减排和发展中国家采取自主减缓行动作出了安排，并就全球长期目标、资金和技术支持、透明度等焦点问题达成广泛共识。在气温升幅限制方面，明确提出了全球气温升幅应限制在 2 摄氏度以内。在资金问题上，虽然并不清晰，但至少明确了发达国家从 2020 年起，向发展中国家及小岛国等提供 1000 亿美元援助。未来 3 年内发达国家将提供 300 亿美元，其中欧盟、日本及美国将联合出资 252 亿美元。在技术开发与转让问题上，也开始同意建立一个机制，虽然这个机制的职能范围、授权依然有待进一步的谈判，但它对技术开发转让必然能够发挥一定的作用。在减排监察的问题上，要求所有新兴经济体必须自我监察减排进度，并每两年向联合国汇报，国际人员在不损害国家主权的前提下可以视察。然而，本次会议最大遗憾在于没有明确限定全球减排目标，各国将在 2010 年 2 月 1 日前向联合国提出 2020 年减排目标，2050 年的减排目标并未提及，气候谈判的关键问题依然悬而未决。

也正因为如此，大会决定将谈判延伸到 2010 年，并设立了在 2010 年底于墨西哥城召开的第十六次缔约方大会上完成这一回合谈判的新目标。

3. "两会"与低碳热潮

今年的"两会"，九三学社提出的《关于推动我国经济社会低碳发展的建议》一出炉，不仅得到了国家发改委的高度认同，也迅速掀起了"两会"的低碳热，从而备受关注的"一号提案"聚焦在了"低碳"。

"两会"期间，九三学社、台盟中央先后提交的第一号、第二号提案，不约而同地提出，提倡低碳的生产、生活方式，不仅是解决气候问题的根本出路，也将为我国赢得新一轮经济竞争的先机，发展低碳产业应成为我国经济社会发展的重大战略。

九三学社提交的《关于推动我国低碳经济发展的提案》认为，要将中国特色低碳发展道路确定为经济社会发展的重大战略。其中瑞典的经验值得借鉴，即通过对石化能源课以重税，引导企业主动降低能耗，寻找低成本的新能源，并提出，应将国家能源局升级为能源部，统筹协调能源及低碳发展相关事务。

台盟中央则建议，结合"十二五"规划，请国家发改委牵头，组织有关部委，制定出低碳经济的"国家方案"和行动路线图，与国家的"发展规划"、"能源规划"、"循环经济规划"和节能减排规划相衔接，形成一个操作性强的低碳经济发展蓝图。明确今后各个发展阶段推进低碳发展的目标、途径和工作重点，明确一系列重点支持的优先领域和重大项目。

"一号提案"创新性地提出，要"将中国特色低碳发展道路确定为经济社会发展的重大战略"，并提出了两条具体建议：

一是组织有关方面力量，以科学发展观为指导，认真研究低碳发展与现有战略的关系，明确中国特色低碳发展道路的核心要求、实现方式和战略目标；

二是将低碳经济作为新的经济增长点，将中国特色低碳发展道路作为应对气候变化、推动经济发展的重大战略，在列入"十二五"规划的同时考虑更长远规划。

"一号提案"还提出，要"在东、中、西部经济发展水平不同的地区，建立若干低碳发展试验区，探索低碳发展经验"。

民盟中央提交的提案则建议适时开征碳税，并从生产领域开始，逐步向消费领域扩展。提案认为，目前应该抓住CPI、PPI仍将维持一段时间低位状态的有利时机，加快推进能源、资源价格改革，理顺价格体系，打造市场因素逐步发挥主导作用的价格形成机制；同时继续抓紧节能减排的推进，重点放在节能建筑、低耗产业、道路交通工具降低排放三大领域。

4. 国内外低碳案例的情况介绍

深圳光明新区

改革开放的标兵深圳在低碳建筑方面的表现抢眼。早在2008年，住房和城乡建设部、深圳市政府签署了《关于建设光明新区绿色建筑示范区合作框架协议》，光明新区被列为国家级"绿色建筑示范区"。作为太阳能及可再生能源领域最全面的示范应用基地，全国首批可再生能源建筑应用示范工程，与普通的大型工业园相比，光明新区·拓日工业园的"低碳元素"引人注目——建筑物安装了非晶硅光伏电池幕墙、单晶硅光伏电站、新型平板式太阳能热水器、新型风力发电系统，园区内安装了各种太阳能路灯和草坪灯。据测算，其光伏和光热应用年发电量达

49.64 万 kW·h，产生热量 1839600MJ，节约 231t 标准煤，减少温室气体 689t。新区的许多市政道路、住宅、企业厂房等重点建设项目都按照"绿色新城"建设指标进行规划建设。这些项目在不同程度上都具备"绿色建筑"的标准和特征，体现了"四节二环保"（节地、节能、节水、节电，室内环保及室外环保）的绿色建筑理念，使用绿色环保和再循环材料建设，采用绿色建材一次性装修，采用先进的技术和环保材料控制环境噪声和光热辐射。

上海印象钢谷

作为经济和技术实力都比较雄厚的城市之一，上海也已经着眼于低碳建筑的实践。其中申城首个低碳办公示范区，占地 600 亩的别墅式办公园区"印象钢谷·罗森宝工业研发中心"就是一个很好的例子。"印象钢谷"的墙面选择素混凝土，节省了一次性瓷砖贴面、花岗岩大理石和粉刷层，避免了开采石材时对大自然造成的人为破坏。水泥就地取材和搅拌成混凝土品，也减少了在运输过程当中对能源造成的浪费；而对素混凝土的施工工艺流程进行优化和技术改进后，原本素混凝土单一结构功能，又被辅以装饰效果，令人耳目一新。而大面积的采用玻璃元素，既增加了建筑的室内自然采光，节约能源，又增加建筑本身的通透灵动感，坐收室外绿化景观。"印象钢谷"的主要建筑材料为具有很高再循环性的钢材，且在宝钢就地取材节省了运输所产生的碳排放。"印象钢谷"的车库，也采取了节能绿色设计。车库的地面被抬升了 2m，自然形成了一个半地下式的车库，从而产生了垂直方向双层绿地，营造出不同的组团景观。而采用半地下形式车库，使 8088m² 的车库减少了钢材与混凝土的用量，最大程度的实现了"低碳建筑"吸收和减少二氧化碳排放的要求。车库上方覆盖了 10000m² 的绿色坡地，加大了自然吸收二氧化碳的效率，车库四面通风，自然采光，做到白天不用开灯。采用半地下形式，车库的埋置深度浅，地下浮力减轻，省去了打基坑围护与抗拔桩，底板的厚度由全埋式的 55cm 变成现在的 35cm，使

8088m² 的车库减少了钢材与混凝土的用量，实现了"低碳建筑"吸收和减少二氧化碳排放的要求，做到了一个"省"字。一开始就做了"碳排放"的减法，有别于先"排放"后"吸收"的"碳中和"方式。这种减碳最大化的建筑设计是"低碳建筑"的核心。

世博众馆低碳秀

在这场缤纷多彩的各国展馆"秀"中，伦敦的零碳馆不能不提。这个城市最佳实践区案例，取自世界上第一个零二氧化碳排放的社区——贝丁顿零碳社区。四层高的建筑中设置了零碳报告厅、零碳餐厅、零碳展示厅和六套零碳样板房，全方位地向参观者展示建筑领域对抗气候变化的策略和方法。很多人不知道，建筑领域产生的二氧化碳占全球二氧化碳总排放量的 55%，主要源自建筑设备对电力和燃气等化石能源的消耗。零碳馆可以说将能源利用发挥到了极致。

空调使用的是太阳能、风能和地源热能的联动能源，通过安置在屋顶上的 22 个五颜六色的风帽，随风向灵活转动，利用温压和风压将新鲜空气源源不断地输入每个房间，并排出室内空气；建筑物里"必不可少"的电和热，在零碳馆里由餐厅里剩下的剩饭、剩菜和废弃餐具转换而成，这些食品废弃物和有机质产生的混合生物垃圾，通过特殊降解，产生电和热以实现生物能的释放，被系统处理后的产品还能够用于田间生物肥，变废为宝；甚至连冲洗马桶、灌溉植物，也尽量使用屋顶收集的雨水，几乎不用自来水。整个零碳馆就像一个"没水"、"没电"、"没热"的"原始洞穴"，却能最大限度地保留高碳排放带来的舒适体验。

还有德国馆外墙使用的网状、透气性良好的革新性建筑布料，能防止展馆内热气的聚积，由此减轻空调设备的负担；世界气象馆以人的"皮肤"来比喻的"墙体外层"，使整体建筑不仅防风、防雨、还能透气；瑞士馆由大豆纤维制成的红色幕帷，既能发电，又能天然降解；加拿大展馆内没有大型展品或物件，以确保展示区域内空气流通；西班牙馆使用的是防湿、防火的藤条材料……

最有"低碳"看点的还是绵延 1km 的世博轴。"上采阳光、下蓄雨水"的阳光谷，通过一个足球场大小的喇叭状开口，可以将阳光从 40 多米高的空中"采集"到地下，同时将新鲜空气输送到地下。世博轴的底下，总长 800m 的巨型蓄水池可以储存 7000t 的蓄水量，会期预计能为世博园区提供 5 万 m³ 的生活用水，相当于将原来规划的用水量打个对折；利用江水源和地源系统，园区空调运行费用更将降低 20％。阳光谷、蓄水池、江水源热泵"协同合作"，世博轴俨然一条"低碳环保走廊"。

242 个参展国家和国际组织的展馆、城市最佳实践区中的 50 个案例以及 18 个企业馆，更多的低碳技术，都在今年 5 月世博会开幕时得到体验，并且现在，全世界对节能减排表现出的巨大热情和责任感，已经由上海世博向世界传递……

国外"低碳"建筑节能先锋

现代建筑的基本理念是"低能耗与高舒适度"完美结合。建筑层面的低碳设计主要体现在太阳能利用装置、风能利用装置、地热利用装置、能量循环利用装置等。据统计，人类每年所消耗的能量中建筑能耗最大，这里所谓的建筑能耗，包括人们日常生活用能，如采暖、空调、照明、烹饪、洗衣等耗能，其中又以日常生活用能最大，材料及设备生产用能次之，施工用能仅居第三。节能必然成为衡量未来建筑品质的必要指标。

据了解，欧洲国家对现代建筑的基本理念是：实现"低能耗与高舒适度"的完美结合，尽量减少能源与资源浪费。以下为一些成功的个案：

欧洲节能住宅试点 Atika 可运送到各国组装

这是一座将未来的居住理念、绿色建筑设计、可持续发展的城市等设计理论相结合，运用斜屋顶技术、低能耗策略、全方位的太阳能系统（不仅是取暖，同时包括降温）、楼宇智能化管理体系以及模数化技术而建造一座欧洲最新的节能型住宅试点项目——Atika 住宅。Atika 每年每平方米只需要 5L 以下的加热油或

5m³ 的天然气，它通过低能耗设计，实现了使用特有新能源技术的建筑技术加强太阳能和空气循环性，使 Atika 成为几乎无二氧化碳排放的建筑物。

第一个 Atika 住宅的样本是在西班牙的毕尔巴鄂市（Bilbao）组装成型的，并计划在未来通过汽车运输到不同的国家组装。这就意味着，这种技术可以在数次拆装之后，仍旧保证良好的品质。这种模数化的预制体系，可以节省大约 1/3 的建造时间，同时也保证建构更为精确的建筑结构体系。

德国巴斯夫"3 升房"，老房子也玩"低碳"

该项目是世界最大的化学公司巴斯夫在一幢已有 70 年历史的老建筑基础上改造而成，因其每年每平方米（使用面积）消耗的采暖耗油量不超出 3L 而被称为"三升房"。与改造前相比，采暖耗油量从 20L 降到了 3L，如按 100m² 的公寓测算，每年取暖费可从 5400 元人民币降至 770 元，二氧化碳的排放量也降至原来的七分之一。屋顶的太阳能板群吸收太阳光，用来发电，电能随之进入市政电网，由发电所得收入来填补建筑取暖所需费用；屋侧墙壁上悬挂的太阳能电池板则可供洗澡用的热水。

新加坡国家图书馆，被誉为"超级节能楼"

新加坡是一个面积只有 600 多平方公里的现代化城市国家，又是一个自然资源非常稀缺的岛国，对于节能减排、可持续发展的意识非常强烈。从政府、企业到市民，都有一种视生态环境和能源节约为生命的绿色意识，节能减排几乎成了其"国策"。新加坡国家图书馆这座楼高 16 层、耗资数亿新元的前卫式建筑物，总面积 5800 多平方米。这座建筑最令人关注的亮点是隐藏其内的符合生态气候、令人耳目一新的系列环保节能设计，因而被誉为"超级节能楼"。选用最佳的建筑朝向和位置，尽量减少热负荷，其外沿大多用玻璃天篷遮盖。整体建筑分割为两个体块，其中一个体块悬于地面之上，使风可以自然流通，从而起到降温作用。建筑师还在建筑内部采用了一套温控分区系统，为每个区域定制了个性化的气温控制方案。正如国家图书馆一样，新加坡许多建筑具有环保、节能、人性化的特点，并创造性地采用了遮阳、通风、采光等系列绿色建筑技术。比如，被形象地誉为"榴莲头"的新加坡滨海艺术中心，屋顶窗户巧妙地使用遮阳部件作为"盖头"，并根据光线角度设置不同方向，在遮阳的同时保证了室内最大限度地利用自然光线。

英国 伦敦 BedZED，未来居住雏形

"我们要创造一个全新的生活方式，设计一个高生活品质、低能耗、零碳排放、再生能源、零废弃物、生物多样性的未来。"伦敦节能住宅 BedZED 的设计师登斯特这样来形容 BedZED。BedZED 低能耗的一个主要原因是其组合热力发电站发挥了巨大作用——通过燃烧木材废物发电为社区居民提供生活用电，而且用这一过程中产生的热能来生产热水。目前燃料主要为附近地区的树木修剪废料。以后木屑原料的来源将主要为邻近的生态公园中的速生林。经计算，整个社区需要一片 3 年生的 70hm^2 速生林，每年砍伐其中的 1/3 用来提供热能，并补种上新的树苗，以此循环。

另外，家家户户都装上了太阳能光电板，这些太阳能电池板可为 40 辆汽车提供电力。BedZED 没有任何的中央暖气系统，但其屋顶、墙体及地面均采用高质量的绝缘材料，保证冬天住房的舒适温度。其外墙是一种夹芯构造，墙体的内芯为 300mm 厚的岩棉，保证吸收的热量在 5d 内不会消散；外窗为木窗框，具有良好的断热构造；窗户玻璃有 3 层，尽可能多地吸收热量，在夏天，这些设计又能尽可能地减少室外高温的传导，避免了空调的使用。而另一个保持室内温度的方法则是屋顶的绿化，将一种名为"景天"的半肉质植物覆盖于屋顶，大大减少了冬天室内的热量散失，夏天开花时，整个生态村又成了一个美丽的大花园。这也是住户在采暖制冷方面比常规住宅节省 90% 能源的主要原因。

由于伦敦降雨丰富，BedZED 通过对雨水以及生活污水的回收利用，使得水消耗量比普通住宅减少 1/3。屋顶上矗立着的一排排色彩鲜艳、外观奇特的热压"风帽",源源不断地将新鲜空气送入房间。社区内有足够的自行车停车场,并有与其他区连接的自行车道路。

荷兰阿姆斯福特,世界著名太阳能居住社区

荷兰阿姆斯福特是以建筑节能为中心的、装机容量名列世界前茅的太阳能发电居住区,是当今荷兰住宅建设的示范项目。据了解,太阳能利用是该项目的重点,辅以配套的建筑节能技术,达到节约能源和社区可持续发展的目标。太阳能村共有 6000 幢住宅,10 余万人,太阳能光伏发电能力达 1.3MW。

参 考 文 献

[1] 周紫光. 低碳经济的两种实现方式[J]. 理论参考，2009 (12).

[2] 高辉清. 谁主低碳沉浮[J]. 中国外汇，2009(19).

[3] 邢继俊. 发展低碳经济的公共政策研究[D]. 华中科技大学，2009.

[4] 辛章平，张银太. 低碳经济与低碳城市[J]. 城市发展研究，2008 (4).

[5] 郭印，王敏洁. 国际低碳经济发展经验及对中国的启示[J]. 改革与战略，2009(12)：55-56.

[6] 低碳生活 节能减排 绿色建筑成为建设行业新目标[J]. 中国住宅设施，2010(2).

[7] 龙惟定，白玮，范蕊. 低碳经济与建筑节能发展[J]. 建设科技，2008(24)：17-19.

[8] 曾俊聪，肖可，陈畅. 中国低碳经济之路——四万亿投资背景下发展低碳经济的财税政策思考[J]. 大众商务，2010(2)：25-26.

[9] 邓力，徐美君. 玻璃产业如何直面低碳经济时代[J]. 玻璃，2010 (2)：17-18.

[10] 王天民，王莹. 低碳经济及其对新材料研究开发的挑战[J]. 中国材料进展，2010(1)：61-62.

[11] 姚燕. 全力推进节能减排引领中国建材工业发展低碳经济[J]. 中国建材，2010(1)：25-27.

[12] 住建部——中国加快建设以低碳为特征的建筑体系[J]. 建筑节能，2010.

[13] 虞建华. 对话邱玉东漫谈低碳型绿色建材[J]. 中国建材，2010(1)：28-29.

[14] 一叶. 低碳建筑与低碳生活[J]. 中国建设信息，2010(1)：41-43.

[15] 韩仲琦. 步入低碳经济时代的水泥工业[J]. 水泥技术，2010(01)：20-24.

[16] 李在卿. 清洁发展机制[M]. 北京：中国环境科学出版社，2009.

[17] 文中其他引用来自中国低碳网、百度文库等相关网络资料.